U0318522

甘肃敦煌阳关国家级自然保护区

鸟类图鉴

蔺菊明　麻守仕·主编

四川科学技术出版社

图书在版编目（CIP）数据

甘肃敦煌阳关国家级自然保护区鸟类图鉴 / 蔺菊明，
麻守仕主编 . -- 成都 : 四川科学技术出版社，2023.1
　　ISBN 978-7-5727-0856-5

　　Ⅰ . ①甘… Ⅱ . ①蔺… ②麻… Ⅲ . ①自然保护区—
鸟类—敦煌—图集 Ⅳ . ① Q959.708-64

中国国家版本馆 CIP 数据核字（2023）第 002685 号

甘肃敦煌阳关国家级自然保护区鸟类图鉴
GANSU DUNHUANG YANGGUAN GUOJIAJI ZIRAN BAOHUQU NIAOLEI TUJIAN

主　　编　蔺菊明　麻守仕

出 品 人　程佳月
责任编辑　肖　伊
封面设计　悟阅文化
责任出版　欧晓春
出版发行　四川科学技术出版社
　　　　　成都市锦江区三色路 238 号　邮政编码　610023
　　　　　官方微博　http://weibo.com/sckjcbs
　　　　　官方微信公众号　sckjcbs
　　　　　传真　028-86361756
成品尺寸　210mmX285mm
印　　张　11
字　　数　200 千
印　　刷　成都市兴雅致印务有限责任公司
版　　次　2023 年 1 月第 1 版
印　　次　2023 年 1 月第 1 次印刷
定　　价　85.00 元
I S B N　978-7-5727-0856-5
邮　购：成都市锦江区三色路 238 号新华之星 A 座 25 层　邮政编码：610023
电　话：028-86361770

■　版权所有　翻印必究　■

《甘肃敦煌阳关国家级自然保护区鸟类图鉴》

编 委 会

主 任　蔺菊明

副主任　张　耀

主 编　蔺菊明　麻守仕

编委会成员

麻守仕　　王毅明　　杨瑾武　　刘兴文　　钱　文　　赵德智

张　宁　　戴雪蓉　　党晶晶　　纪树志　　杨　静　　王伟东

马海涛　　何文丽　　姜　源

摄　影　麻守仕　　王小炯　　汪海文

作者简介

蔺菊明，1964年2月出生，男，汉族，籍贯甘肃敦煌，中央党校函授学院大专学历，现任甘肃敦煌阳关国家级自然保护区管护中心党委书记、主任，中共党员。负责编辑出版《坚守阳关》《情系阳关》《梦归阳关》三本书。1983年7月至1984年9月在敦煌市三危中学任教；1984年10月至1996年8月在敦煌市黄渠乡政府工作，任财政所所长、计划生育办公室主任、党委办公室主任等职；1996年9月至2003年3月任黄渠乡政府副乡长、党委副书记；2003年4月至2010年4月任郭家堡乡人大主席；2010年5月至2016年5月任甘肃敦煌阳关国家级自然保护区管理局党委书记、副局长（正科级）；2016年6月至2019年6月任甘肃敦煌阳关国家级自然保护区管理局副局长（副处级）；2019年7月至2021年5月任甘肃敦煌阳关国家级自然保护区管理局局长（正处级）；2021年6月至今任甘肃敦煌阳关国家级自然保护区管护中心主任（正处级）。

麻守仕，1970年2月出生，男，汉族，籍贯甘肃定西，西北师范大学本科学历，高级工程师（科研管理科科长），现供职于甘肃敦煌阳关国家级自然保护区管护中心，中共党员。甘肃省作家协会会员，甘肃省林学会常务理事。1994年9月至2013年12月，在甘肃省敦煌市敦煌中学任教；2014年1月至今，在甘肃敦煌阳关国家级自然保护区管护中心工作。在省级以上报纸、期刊发表文学作品百余篇，在省级以上学术期刊发表论文20多篇；出版专著《情系阳关　刻在阳关的印痕》。现主编省级连续性内部资料出版物《阳关生态》。

前　言

  甘肃敦煌阳关国家级自然保护区的前身是成立于 1992 年的敦煌市南湖湿地及候鸟县级保护区。1994 年，经甘肃省人民政府批准晋升为敦煌南湖湿地及候鸟省级自然保护区。2009 年 9 月，经国务院办公厅批准晋升为敦煌阳关国家级自然保护区。地理坐标介于东经 93°53'~94°20' 与北纬 39°39'~40°05' 之间，总面积 8.82 万 hm^2。其中核心区面积为 2.73 万 hm^2，缓冲区面积为 2.81 万 hm^2，实验区面积为 3.28 万 hm^2。

  2010 年 4 月，经甘肃省机构编制委员会批准成立保护区管理局，为财政全额拨款副县级事业单位，隶属于原甘肃省环境保护厅，核定编制 20 名。2014 年 12 月，经甘肃省机构编制委员会批准升格为正县级事业单位。2018 年 12 月，因政府机构改革，阳关保护区整建制划转到甘肃省林业和草原局。2020 年 9 月，根据甘肃省林业和草原局党组的《关于调整甘肃敦煌阳关国家级自然保护区管理局主要职责、内设机构和科级领导职数的批复》，管理局内设综合科、保护监测科和科研管理科 3 个职能科室，下设渥洼池、二墩和西土沟 3 个保护站。实有职工 18 人，聘用护林员 20 人。

  保护区主要保护对象为荒漠区中特殊成因形成的湿地和荒漠复合生态系统，以及以候鸟为代表的珍稀濒危野生动植物资源。区内 200 多个泉眼溢出形成了山水沟、西土沟和渥洼池三大水系，地表总径流长度达 146km、年径流量达 0.99 亿 m^3。保护区有林草地 5 382.4hm^2，其中林地 1 584hm^2、公益林地 1 416.12hm^2、草地 2 225.3hm^2，另有湿地水域 1 563.1hm^2。

  保护区生物多样性丰富，有脊椎动物 200 多种，其中列入国家一、二级重点保护野生动物名录的有黑鹳 *Ciconia nigra*、大天鹅 *Cygnus Cygnus*、鹅喉羚 *Gazella subgutturosa* 等 40 多种。有种子植物 141 种，其中列入国家二级重点保护植物名录的有胀果甘草 *Glycyrrhiza inflata Batalin*；列入国家重点保护植物名录的有裸果木 *Gymnocarpos przewalskii Maxim*、胡杨 *Populus euphratica*、膜果麻黄 *Ephedra przewalskii Stapf*、梭梭 *Haloxylon ammodendron* (*C. A. Mey.*) *Bunge* 4 种。

  保护区内的渥洼池碧波荡漾，植被繁茂，候鸟成群，因出"天马"敬献汉武帝而驰名，被誉为"天马"故乡，是敦煌历史上久富盛名的历史人文生态景观。

  保护区是我国极旱荒漠地带的重要水源涵养地和"蓄水库"，是敦煌市和莫高窟的第一道天然生态安全屏障，是我国西部荒漠区重要的候鸟栖息地和迁徙驿站，是下游阳关镇群众生产生活和生态用水的重要水源地，对调节气候、涵养水源、维护河西走廊生态安全具有不可替代的作用。

编者

2022 年 9 月 28 日

序 言

飞过渥洼池湿地的鸟儿

◎ 麻守仕

在到达阳关渥洼池之前，我一直执着地认为，鸟类的思维是极其简单的，更谈不上有情感的演绎，鉴于这点浅薄的主观判断，让我肆无忌惮地"矜持"着，不断去漠视一件件事情的真实。

然而，当我在阳关渥洼池湿地看到那只腿残疾的鸟儿时，我禁不住热泪盈眶。那是中秋的一天，一群数量很大的鸟，相互簇拥着在湖畔觅食。跑在前边的几只鸟，不时地退回去，围着中间的一只叽叽喳喳，它们奇异的举动吸引了我，我赶紧借助望远镜去观察它们。眼前的景象让我目瞪口呆，中间的那只鸟儿竟然只有一条腿，尽管它努力地向前跳着，但行进的速度仍然很慢，前边比较快的那几只鸟儿，不时地跑回来，将自己口中的食物，纷纷喂给这只残疾的鸟儿；更让我感动的是，不论鸟群转移到哪个位置，总是把残疾鸟围在最中间，生怕把它弄丢了似的。此情此景，让我心灵为之震撼，它们哪是一群鸟儿，分明就是一群精灵啊！对它们的敬意顿时油然而生，感动于它们不离不弃的兄弟情意，羞涩于自己意识的偏颇和武断。

这群鸟儿在渥洼池湿地休整了几天后，要继续前行了，我真的担心这只残疾鸟能否一飞冲天，顺当地赶上迁徙大军。突然，奇迹发生了，带头两只鸟快走两步突然起飞，紧接着，其余的鸟儿"哗啦啦"一声同时腾起，那只残疾鸟儿夹在中间，拍着翅膀顺利地飞向高空。我望着它们消失在天际，两行热泪不禁夺眶而出。后来，我在鸟类专家解密斑头雁群飞越珠穆朗玛峰的过程中，终于解开了这只残疾鸟儿的腾飞之谜，我心里一阵欣慰和轻松；只要它们能相互关爱，团结一心，哪怕万水千山，也抵挡不住它们迁徙的脚步。

不过，对于我这个跟湿地打交道的人来说，鸟儿的事远远没有结束。深秋的一天，大部分飞鸟已陆续离开阳关渥洼池湿地，但仍有后续到来的候鸟，不断落在湿地补充营养和体力。期间，我又看到了两只独立成群的鸭子，尽管它们形影不离，相互依偎，亲密无间，但它们的颜色和体形却大相径庭。后经鸟类专家的鉴定，它们根本不属于同一个家族，而是来自两个不同的家族，换言之，它们属于"迷鸟"（指那些由于天气恶劣或者其他自然原因，偏离自身迁徙路线的鸟儿）。在接下来的几天里，它们朝夕相伴，和睦共处，时而沐浴在温暖的湖水中，时而嬉戏在碧绿的芦苇荡，那份和谐让我为之动容，真是"同是天涯沦落人，相逢何必曾相识"。尽管它们在得到必要的补给之后离开了，但是它们的影子却烙在我心里，让我对它俩充满了思念，不知它们是否赶上了迁徙大军？

在这两只鸭子离开不久，渥洼池湿地又迎来了一群不知名的飞鸟，让我惊奇的是，它们中间夹着一只很特别的鸟，原以为它是这群鸟儿的头，然而鸟类专家鉴定的结果却是，这只鸟并不属于这群鸟的家族，它纯属一只迷鸟，准确地说，是这个大家族收留了它。面对它们不记种族之别、性情之异，相敬如宾的场面，真的让人好生感慨，真可谓"老吾老，以及人之老；幼吾幼，以及人之幼"。不知，坐在文明快车上的人们，能否拥有这种包容和胸襟？！

春去冬来，四季轮回，飞过渥洼池湿地的鸟儿，前赴后继，络绎不绝，它们用真爱演绎着自然的大爱。大爱无疆，真爱永恒，亦如，渥洼池畔那一声声清脆的鸟鸣。

（本文原载于《甘肃日报》）

目 录

8　鸻形目 ·· 48
Charadriiformes

8.1　鸻科 ·· 48
Charadriidae

8.2　鹬科 ·· 54
Scolopacidae

1 鹳形目
Ciconiiformes

鹳科
Ciconiidae

黑鹳

学　　名：*Ciconia nigra*

鹳形目 > 鹳科 > 鹳属

国家一级重点保护野生动物

俗　　名：锅鹳、黑巨鹳、黑巨鸡、黑老鹳、乌鹳。

识别特征：大型涉禽，体长约 100cm。体重 2 500~3 400g。上体自头至尾，包括双翅呈黑色且具紫绿色闪光；胸部与上体同色；下体余部白色。

分布范围：常见于保护区渥洼池湿地。

分布状况：属保护区夏候鸟，每年数量稳定。

保护级别：列入世界自然保护联盟（IUCN）2017 年濒危物种红色名录 ver 3.1——无危（LC）。列入《华盛顿公约》（CITES）：附录Ⅰ。

2 鲣鸟目
Suliformes

鸬鹚科
Phalacrocoracidae

普通鸬鹚

学　名：*Phalacrocorax carbo*

鲣鸟目 > 鸬鹚科 > 鸬鹚属

俗　　名：鸬鹚、大鸬鹚、鱼老鸭、鱼鹰、雨老鸦。

识别特征：体长 80cm 左右。体重 1 700~2 700g。站立时身体差不多与地面保持垂直，飞行时直线前进，面部裸出部分延到嘴角后方，其边缘羽毛纯白，尾羽 14 枚。通体黑色，有偏黑色闪光，嘴厚重，脸颊及喉白色。

分布范围：常见于保护区渥洼池湿地。

分布状况：属保护区过境候鸟。

保护级别：列入世界自然保护联盟（IUCN）2012 年濒危物种红色名录 ver 3.1——无危（LC）。列入中国国家林业和草原局 2000 年 8 月 1 日发布的《国家保护的有益的或者有重要经济、科学研究价值的陆生野生动物名录》。

3 鹈形目
Pelecaniformes

3.1 鹭科
Ardeidae

（1）大白鹭

学　　名：*Ardea alba*

鹈形目 > 鹭科 > 白鹭属

俗　　名：白鹤鹭、白鹭鸶、白漂鸟、风漂公子、雪客。

识别特征：体长约95cm。嘴较厚重，颈部具特别的扭结。

分布范围：常见于保护区渥洼池、山水沟、西土沟湿地。

分布状况：属保护区过境候鸟，2020年10月下旬监测到261只，为历年之最。

保护级别：列入世界自然保护联盟（IUCN）2016年濒危物种红色名录 ver 3.1——无危（LC）。列入中国国家林业和草原局2000年8月1日发布的《国家保护的有益的或者有重要经济、科学研究价值的陆生野生动物名录》。

（2）苍鹭

学　　名：*Ardea cinerea*

鹈形目 > 鹭科 > 鹭属

俗　　名：灰鹭、老等、灰鹳、青庄、深水径。

识别特征：体长约 92cm 的大型涉禽，体重 1 300~1 900g。成鸟的过眼纹及冠羽黑色，飞羽、翼角及两道胸斑黑色，头、颈、胸及背白色，颈具黑色纵纹，余部灰色。

分布范围：常见于保护区渥洼池、西土沟湿地。

分布状况：属保护区过境候鸟，数量保持稳定。

保护级别：列入世界自然保护联盟（IUCN）2019 年濒危物种红色名录 ver 3.1——无危（LC）。列入中国国家林业和草原局 2000 年 8 月 1 日发布的《国家保护的有益的或者有重要经济、科学研究价值的陆生野生动物名录》。

（3）草鹭

学　　名：*Ardea purpurea*

鹈形目 > 鹭科 > 鹭属

俗　　名：草当、花洼子、黄庄、紫鹭。

识别特征：体长约 90cm，体形呈纺锤形。草鹭的额和头顶蓝黑色，枕部有两枚灰黑色长形羽毛形成的冠羽，悬垂于头后，状如辫子，胸前有饰羽。具有"三长"的特点，即喙长、颈长、腿长。腿部被羽，胫部裸露，脚三趾在前一趾在后。没有明显的嗉囊，食道中部膨大，整个食道都能储存食物。飞时头颈弯曲。

分布范围：多见于渥洼池湿地。

分布状况：属阳关保护区过境候鸟。

保护级别：列入世界自然保护联盟（IUCN）2018 年濒危物种红色名录 ver3.1——无危（LC）。列入中国国家林业和草原局 2000 年 8 月 1 日发布的《国家保护的有益的或者有重要经济、科学研究价值的陆生野生动物名录》。

（4）小白鹭

学　　名：*Egretta garzetta*

鹈形目 > 鹭科 > 白鹭属

俗　　名：白鹭、白鹭鸶、白翎鸶、春锄、雪客。

识别特征：中型涉禽，体长 52~68cm。嘴、脚较长，脚黑色、趾黄绿色，颈甚长，全身白色。繁殖期枕部着生两根狭长而软的矛状饰羽。背和前颈亦着生长的蓑羽。眼睑粉红色，通体白色。

分布范围：多见于渥洼池湿地。

分布状况：属阳关保护区过境候鸟。

保护级别：列入世界自然保护联盟（IUCN）2016 年濒危物种红色名录 ver3.1——无危（LC）。列入《濒危野生动植物种国际贸易公约》：附录Ⅲ。列入中国国家林业和草原局 2000 年 8 月 1 日发布的《国家保护的有益的或者有重要经济、科学研究价值的陆生野生动物名录》。

（5）夜鹭

学　　名：*Nycticorax nycticorax*

鹈形目 > 鹭科 > 夜鹭属

国家二级重点保护野生动物

俗　　名：水洼子、灰洼子、星鸦、苍鹣（jiān）、星鹣、夜鹤、夜游鹤。

识别特征：体长 47~58cm。头顶至上颈和肩羽墨绿色。枕部有 2~3 根白色饰羽。

分布范围：常见于保护区渥洼池、西土沟湿地。

分布状况：属保护区夏候鸟。

保护级别：列入世界自然保护联盟（IUCN）2016 年濒危物种红色名录 ver 3.1——无危（LC）。列入中国国家林业和草原局 2000 年 8 月 1 日发布的《国家保护的有益的或者有重要经济、科学研究价值的陆生野生动物名录》。

（6）小苇鸻

学　　名：*Ixobrychus minutus*

鹈形目 > 鹭科 > 苇鸻属

国家二级重点保护野生动物

俗　　名：暂无。

识别特征：体长 31~38cm，翼展 52~58cm，体重 125~150g，寿命 5 年。羽色偏黄色或黑白色。成年雄鸟绒白色，顶冠黑色，两翼黑色且具近白色的大块斑，嘴红色。

分布范围：常见于保护区渥洼池、西土沟湿地。

分布状况：属保护区夏候鸟。

保护级别：列入世界自然保护联盟（IUCN）2012 年濒危物种红色名录 ver 3.1——无危（LC）。

（7）池鹭

学　　名：*Ardeola bacchus*

鹈形目 > 鹭科 > 池鹭属

俗　　名：红毛鹭、中国池鹭、红头鹭鸶。

识别特征：体形略小（约47cm）、翼白色、身体具褐色纵纹。雌、雄鸟同色，雌鸟体形较雄鸟略小。繁殖羽：头及颈深栗色，胸紫酱色。冬羽及亚成鸟：站立时具褐色纵纹，飞行时体白而背部深褐。虹膜褐色，嘴黄色（冬季）而尖端黑色，腿及脚绿灰色。

分布范围：多见于渥洼池湿地。

分布状况：属阳关保护区过境候鸟。

保护级别：列入世界自然保护联盟（IUCN）2013年濒危物种红色名录ver3.1——无危（LC）。列入中国国家林业和草原局2000年8月1日发布的《国家保护的有益的或者有重要经济、科学研究价值的陆生野生动物名录》。

（8）牛背鹭

学　　名：*Bubulcus ibis*

鹈形目 > 鹭科 > 牛背鹭属

俗　　名：黄头鹭、畜鹭、放牛郎。

识别特征：体长46~55cm。中型涉禽，飞行时头缩到背上，颈向下突出，像一个大的喉囊，身体呈驼背状；站立时亦像驼背，嘴和颈亦较短粗；身体较其他鹭肥胖，嘴和颈亦明显较其他鹭短粗。

分布范围：多见于渥洼池湿地。

分布状况：属阳关保护区过境候鸟。

保护级别：列入世界自然保护联盟（IUCN）2016年濒危物种红色名录 ver3.1——无危（LC）。

（9）黄苇鳽

学　　名：*Ixobrychus sinensis*

鹈形目 > 鹭科 > 苇鳽属

俗　　名：黄斑苇鳽、小黄鹭、黄秧鸡、黄小鹭、黄雀子。

识别特征：体长 29~38cm。顶冠黑色，上体淡黄褐色，下体皮黄；黑色的飞羽与皮黄色的覆羽形成强烈对比。

分布范围：常见于保护区渥洼池、西土沟湿地。

分布状况：属保护区夏候鸟。

保护级别：列入世界自然保护联盟（IUCN）2013 年濒危物种红色名录 ver3.1——无危（LC）。列入中国国家林业和草原局 2000 年 8 月 1 日发布的《国家保护的有益的或者有重要经济、科学研究价值的陆生野生动物名录》。

3.2 鹮科
Threskiorothidae

白琵鹭

学　　名：*Platalea leucorodia*

鹈形目 > 鹮科 > 琵鹭属

国家二级重点保护野生动物

俗　　名：哈勒巴戈图—乌日、琵琶嘴鹭、琵琶鹭。

识别特征：体长约 84cm。长长的嘴灰色且呈琵琶形，头部裸出部位呈黄色，自眼先至眼有黑色线。

分布范围：偶见于保护区渥洼池湿地。

分布状况：属保护区过境候鸟。

保护级别：列入世界自然保护联盟（IUCN）2012 年濒危物种红色名录 ver 3.1——无危（LC）。

列入《华盛顿公约》（CITES）：附录 II。列入《中国濒危动物红皮书》：易危。

4 鹤形目
Gruiformes

4.1 秧鸡科
Rallidae

（1）黑水鸡

学　　名：*Gallinula chloropus*

鹤形目 > 秧鸡科 > 黑水鸡属

俗　　名：红冠水鸡、红骨顶、红鸟、江鸡。

识别特征：体长 24~35cm。嘴基及额甲红色，尾下覆羽中部黑色、两侧白色。

分布范围：常见于保护区渥洼池、西土沟等湿地。

分布状况：属保护区无定性留鸟。

保护级别：列入世界自然保护联盟（IUCN）2016 年濒危物种红色名录 ver 3.1——无危（LC）。列入中国国家林业和草原局 2000 年 8 月 1 日发布的《国家保护的有益的或者有重要经济、科学研究价值的陆生野生动物名录》。

（2）白骨顶鸡

学　　名：*Fulica atra*

鹤形目 > 秧鸡科 > 骨顶属

国家二级重点保护野生动物

俗　　名：白骨顶鸡、骨顶鸡、冬鸡、骨顶。

识别特征：体长 40cm。具显眼的白色嘴及额甲。整个体羽深黑灰色，仅飞行时可见翼上狭窄近白色后缘。虹膜红色，嘴白色，脚灰绿。叫声多种且响亮，如有尖厉的"kik kik"声等。

分布范围：常见于保护区渥洼池、西土沟湿地。

分布状况：属保护区夏季繁殖候鸟。

保护级别：列入世界自然保护联盟（IUCN）2013 年濒危物种红色名录 ver 3.1——无危（LC）。

4.2 鹤科
Gruidae

（1）黑颈鹤

学　　名：*Grus nigricollis*

鹤形目 > 鹤科 > 鹤属

国家一级重点保护野生动物

俗　　名：藏鹤、雁鹅、黑雁。

识别特征：大型涉禽，体长 110~120cm，体重 4~6kg。体羽灰白色，头部、前颈及飞羽黑色，尾羽褐黑色。头顶前方裸区呈暗红色，三级飞羽的羽片分散，当翅闭合时超过初级飞羽。

分布范围：偶见于保护区渥洼池湿地。

分布状况：属保护区过境候鸟。

保护级别：列入世界自然保护联盟（IUCN）2020 年濒危物种红色名录 ver 3.1——近危（NT）。列入《华盛顿公约》（CITES）：附录 I。列入《中国濒危动物红皮书》：濒危。

（2）灰鹤

学　　名：*Grus grus*

鹤形目 > 鹤科 > 鹤属

国家二级重点保护野生动物

俗　　名：千岁鹤、玄鹤、番薯鹤。

识别特征：大型涉禽，体长 100~120cm。颈、脚均甚长，全身羽毛大都灰色，头顶裸出皮肤鲜红色，眼后至颈侧有一灰白色纵带，脚黑色。

分布范围：常见于保护区渥洼池湿地。

分布状况：属保护区过境候鸟，2020 年 10 月下旬监测到 212 只，为历年之最。

保护级别：列入世界自然保护联盟（IUCN）2016 年濒危物种红色名录 ver 3.1——无危（LC）。

（3）蓑羽鹤

学　　名：*Anthropoides virgo*

鹤形目 > 鹤科 > 蓑羽鹤属

国家二级重点保护野生动物

俗　　名：闺秀鹤。

识别特征：体形略小，长约 105cm。头顶白色，白色丝状长羽的耳羽簇与偏黑色的头、颈及修长的胸羽形成对比。叫声如号角、似灰鹤，但较尖而少起伏。

分布范围：常见于保护区渥洼池湿地。

分布状况：属保护区过境候鸟，2020 年 6 月下旬监测到 45 只，为历年之最。

保护级别：列入世界自然保护联盟（IUCN）2012 年濒危物种红色名录 ver3.1——无危（LC）。

5 鸨形目
Otidiformes

鸨科
Otididae

（1）**大鸨**

学　　名：*Otis tarda*

鸨形目 > 鸨科 > 鸨属

国家一级重点保护野生动物

俗　　名：地鵏、老鸨、独豹、野雁。

识别特征：体长75~105cm。雄鸟的头、颈及前胸灰色，其余下体栗棕色，密布宽阔的黑色横斑。颏下有细长向两侧伸出的须状纤羽。雌、雄鸟的两翅覆羽均为白色，在翅上形成大的白斑。

分布范围：偶见于保护区渥洼池湿地。

分布状况：属保护区过境候鸟。

保护级别：列入世界自然保护联盟（IUCN）2017年濒危物种红色名录 ver 3.1——易危（VU）。列入《华盛顿公约》（CITES）：附录Ⅱ。列入《中国濒危动物红皮书》：稀有。

（2）小鸨

学　　名：*Tetrax tetrax*

鸨形目 > 鸨科 > 小鸨属

国家一级重点保护野生动物

俗　　名：地鹁。

识别特征：体长约43cm，黄褐色。上体多具杂斑，下体偏白。飞行时两翼几乎全白，仅前四枚初级飞羽多有黑色。

分布范围：偶见于保护区渥洼池湿地。

分布状况：属保护区过境候鸟。

保护级别：列入世界自然保护联盟（IUCN）2018年濒危物种红色名录 ver 3.1——近危（NT）。列入《华盛顿公约》（CITES）：附录Ⅱ。

6 鸊鷉目
Podicipediformes

鸊鷉科
Podicipedidac

（1）凤头鸊鷉

学　　名：*Podiceps cristatus*

鸊鷉目 > 鸊鷉科 > 鸊鷉属

俗　　名：浪花儿、浪里白、冠鸊鷉、张八狗、水老鸹。

识别特征：体长约 50cm。外形似鸭但稍小，和鸭的区别在于嘴形细尖而不上下扁平，头部具有显著的黑棕色羽冠，颈部羽毛延长成栗色翎领，尾较短。

分布范围：常见于保护区渥洼池湿地。

分布状况：属保护区夏季繁殖候鸟。

保护级别：列入世界自然保护联盟（IUCN）2019 年濒危物种红色名录 ver 3.1——无危（LC）。

（2）小䴙䴘

学　　名：*Tachybaptus ruficollis*

䴙䴘目 > 䴙䴘科 > 小䴙䴘属

俗　　名：刁鸭、䴙䴘、水葫芦、水皮溜、水攒、王八鸭子、小艄板儿、小王八、小子钻、油葫芦、油鸭。

识别特征：体长约 27cm。春羽除两翅外，全身各羽呈绒毛状。上体黑褐而有光泽，颈侧棕栗色，胸淡栗色，腹部白沾淡灰。冬羽颏及喉白色，头颈淡黄栗色。

分布范围：常见于保护区渥洼池湿地。

分布状况：属保护区留鸟。

保护级别：列入世界自然保护联盟（IUCN）2016 年濒危物种红色名录 ver 3.1——无危（LC）。列入中国国家林业和草原局 2000 年 8 月 1 日发布的《国家保护的有益的或者有重要经济、科学研究价值的陆生野生动物名录》。

（3）角䴕䴘

学　　名：*Podiceps auritus*

䴕䴘目 > 䴕䴘科 > 䴕䴘属

国家二级重点保护野生动物

俗　　名：王八鸭子、水驴子。

识别特征：体长 31~39cm。夏羽头部、后颈和背部的羽毛均为黑色，前颈、颈侧、胸部和体侧是栗红色，下嘴的基部到眼睛有一条淡色的纹，虹膜为红色。

分布范围：常见于保护区渥洼池湿地。

分布状况：属保护区过境候鸟。

保护级别：列入世界自然保护联盟（IUCN）2012 年濒危物种红色名录 ver3.1——无危（LC）。

（4）黑颈䴙䴘

学　　名：*Podiceps nigricollis*

䴙䴘目 > 䴙䴘科 > 䴙䴘属

国家二级重点保护野生动物

俗　　名：黑颈䴙䴘、艄板儿。

识别特征：体长约30cm。嘴黑色，细而尖，微向上翘，眼红色。夏羽头、颈和上体黑色，两胁红褐色，下体白色，眼后有呈扇形散开的金黄色饰羽。

分布范围：常见于保护区渥洼池湿地。

分布状况：属保护区夏季繁殖候鸟。

保护级别：列入世界自然保护联盟（IUCN）2018年濒危物种红色名录 ver 3.1——无危（LC）。列入中国国家林业和草原局2000年8月1日发布的《国家保护的有益的或者有重要经济、科学研究价值的陆生野生动物名录》。

7 雁形目
Anseriformes

鸭科
Anatidae

（1）大天鹅

学　　名：*Cygnus Cygnus*

雁形目 > 鸭科 > 天鹅属

国家二级重点保护野生动物

俗　　名：白鹅、大鹄、喇叭天鹅、黄嘴天鹅、金头鹅、天鹅。

识别特征：体形高大，约 155cm。嘴黑，嘴基有大片黄色；黄色延至上喙侧缘成尖。叫声：飞行时叫声为独特的"klo—klo—klo"声；联络叫声如响亮而忧郁的号角声。

分布范围：常见于保护区渥洼池湿地。

分布状况：属保护区冬候鸟，数量保持稳定。已连续 3 年监测到 9~13 只大天鹅在渥洼池越冬。

保护级别：列入世界自然保护联盟（IUCN）2016 年濒危物种红色名录 ver 3.1——无危（LC）。列入《中国濒危动物红皮书》：渐危。

（2）疣鼻天鹅

学　　名：*Cygnus olor*

雁形目 > 鸭科 > 天鹅属

国家二级重点保护野生动物

俗　　名：瘤鼻天鹅、哑音天鹅、赤嘴天鹅、瘤鹄、亮天鹅、丹鹄。

识别特征：是一种大型的游禽，体长 125~150cm。脖颈细长，前额有一块瘤疣的突起，因此得名。

分布范围：偶见于保护区渥洼池湿地。

分布状况：属保护区过境候鸟。

保护级别：列入世界自然保护联盟（IUCN）2016 年濒危物种红色名录 ver 3.1——无危（LC）。

（3）小天鹅

学　　名：*Cygnus columbianus*

雁形目 > 鸭科 > 天鹅属

国家二级重点保护野生动物

俗　　名：短嘴天鹅、啸声天鹅、苔原天鹅等。

识别特征：体长 110~130cm，体重 4~7kg，雌鸟较雄鸟略小。大天鹅嘴基的黄色延伸到鼻孔以下，小天鹅嘴基的黄色仅限于嘴基的两侧，沿嘴缘不延伸到鼻孔以下。它的头顶至枕部常略沾有棕黄色，虹膜为棕色，嘴端为黑色。它的鸣声清脆，有似"叩、叩"的哨声，而不像大天鹅的像喇叭一样的叫声。

分布范围：偶见于保护区渥洼池湿地。

分布状况：属保护区过境候鸟。

保护级别：列入世界自然保护联盟（IUCN）2012 年濒危物种红色名录 ver3.1——无危（LC）。

（4）赤膀鸭

学　　名：*Anas strepera*

雁形目 > 鸭科 > 鸭属

俗　　名：青边仔、漈凫。

识别特征：中等体形，长约 50cm。嘴黑、头棕、尾黑，次级飞羽具白斑及腿橘黄为其主要特征。

叫声：除求偶期都不出声；雄鸟发出短"nheck"声及低哨音，雌鸟重复发出比绿头鸭声高的"gag—ag—ag—ag—ag"声。

分布范围：常见于保护区渥洼池、山水沟等湿地。

分布状况：属保护区夏候鸟。

保护级别：列入世界自然保护联盟（IUCN）2012 年濒危物种红色名录 ver 3.1——无危（LC）。列入中国国家林业和草原局 2000 年 8 月 1 日发布的《国家保护的有益的或者有重要经济、科学研究价值的陆生野生动物名录》。

（5）绿翅鸭

学　　名：*Anas crecca*

雁形目 > 鸭科 > 鸭属

俗　　名：小凫、小水鸭、小麻鸭、巴鸭、八鸭、小蚬鸭。

识别特征：体小，长约 37cm。飞行快速，绿色翼镜在飞行时显而易见。叫声：雄鸟叫声似 "kirrik" 的金属声；雌鸟叫声为细高的短 "quack" 声。

分布范围：常见于保护区渥洼池、西土沟湿地。

分布状况：属保护区过境候鸟。

保护级别：列入世界自然保护联盟（IUCN）2012 年濒危物种红色名录 ver 3.1——无危（LC）。列入中国国家林业和草原局 2000 年 8 月 1 日发布的《国家保护的有益的或者有重要经济、科学研究价值的陆生野生动物名录》。

（6）绿头鸭

学　　名：*Anas platyrhynchos*

雁形目 > 鸭科 > 鸭属

俗　　名：大绿头、晨鹜、大红腿鸭、大麻鸭、大野鸭、官鸭、青边、野鹜、野鸭。

识别特征：中等体形，长约 58cm，为家鸭的野型。叫声：雄鸟为轻柔的"kreep"声；雌鸟似家鸭那种"uack quack quack"声。

分布范围：常见于保护区渥洼池、西土沟湿地。

分布状况：属保护区常见留鸟。

保护级别：列入世界自然保护联盟（IUCN）2017 年濒危物种红色名录 ver 3.1——无危（LC）。列入中国国家林业和草原局 2000 年 8 月 1 日发布的《国家保护的有益的或者有重要经济、科学研究价值的陆生野生动物名录》。

（7）琵嘴鸭

学　　名：*Anas clypeata*

雁形目 > 鸭科 > 鸭属

俗　　名：琵琶嘴鸭、铲土鸭、杯凿、广味凫。

识别特征：体长约50cm，易识别，嘴特长，末端呈匙形。叫声：似绿头鸭，但声音轻而低，也发出"quack"的鸭叫声。

分布范围：常见于保护区渥洼池、西土沟湿地。

分布状况：属保护区夏候鸟。

保护级别：列入世界自然保护联盟（IUCN）2016年濒危物种红色名录 ver 3.1——无危（LC）。列入中国国家林业和草原局2000年8月1日发布的《国家保护的有益的或者有重要经济、科学研究价值的陆生野生动物名录》。

（8）针尾鸭

学　　名：*Anas acuta*

雁形目 > 鸭科 > 鸭属

俗　　名：长闹、长尾凫、尖尾鸭、拖枪鸭、针尾凫、中鸭。

识别特征：中等体形，长约 55cm。尾长而尖。叫声：甚安静；雌鸟发出低喉音的"kwuk—kwuk"声。

分布范围：常见于保护区渥洼池、西土沟湿地。

分布状况：属保护区夏候鸟。

保护级别：列入世界自然保护联盟（IUCN）2019 年濒危物种红色名录 ver 3.1——无危（LC）。列入中国国家林业和草原局 2000 年 8 月 1 日发布的《国家保护的有益的或者有重要经济、科学研究价值的陆生野生动物名录》。

（9）赤颈鸭

学　　名：*Anas penelope*

雁形目 > 鸭科 > 鸭属

俗　　名：鹤子鸭、红鸭、赤颈凫、鹅子鸭、祭凫。

识别特征：体长约 47cm。雄鸟额至头顶黄色，头颈红褐色，体侧有一醒目白斑；雌鸟头颈棕色。

分布范围：常见于保护区渥洼池、西土沟湿地。

分布状况：属保护区过境候鸟。

保护级别：列入世界自然保护联盟（IUCN）2012 年濒危物种红色名录 ver 3.1——无危（LC）。
列入中国国家林业和草原局 2000 年 8 月 1 日发布的《国家保护的有益的或者有重要经济、科学研究
价值的陆生野生动物名录》。

（10）斑嘴鸭

学　　名：*Anas zonorhyncha*

雁形目 > 鸭科 > 鸭属

俗　　名：谷鸭、黄嘴尖鸭、火燎鸭。

识别特征：体长约 60cm。有黑色细长过眼线，嘴灰褐色、尖端黄色，脚橙红色。

分布范围：常见于保护区渥洼池、西土沟湿地。

分布状况：属保护区过境候鸟。

保护级别：列入世界自然保护联盟（IUCN）2018 年濒危物种红色名录 ver 3.1——无危（LC）。

（11）普通秋沙鸭

学　　名：*Mergus merganser*

雁形目 > 鸭科 > 秋沙鸭属

俗　　名：黑头尖嘴鸭（雄）、棕头尖嘴鸭（雌）。

识别特征：体长约 68cm。嘴粗厚。雄鸭头黑褐色，羽冠较短；颈白；背、腰黑褐和灰色；翼镜白色，胸、腹白色。雌鸭头棕褐色，体背灰色，腹面白色。

分布范围：常见于保护区渥洼池、西土沟湿地。

分布状况：属保护区冬候鸟。

保护级别：列入世界自然保护联盟（IUCN）2012 年濒危物种红色名录 ver 3.1——无危（LC）。列入中国国家林业和草原局 2000 年 8 月 1 日发布的《国家保护的有益的或者有重要经济、科学研究价值的陆生野生动物名录》。

（12）白秋沙鸭

学　　名：*Mergellus albellus*

雁形目 > 鸭科 > 斑头秋沙鸭属

国家二级重点保护野生动物

俗　　名：斑头秋沙鸭、花头锯嘴鸭、鱼鸭、狗头钻、小秋沙鸭、熊猫鸟，白秋沙。

识别特征：体长约40cm。雄鸟眼周为黑色，枕部为黑色；雌鸟喉颈白色。

分布范围：常见于保护区渥洼池、西土沟湿地。

分布状况：属保护区过境候鸟。

保护级别：列入世界自然保护联盟（IUCN）2012年濒危物种红色名录 ver 3.1——无危（LC）。

（13）赤嘴潜鸭

学　　名：*Netta rufina*

雁形目 > 鸭科 > 狭嘴潜鸭属

俗　　名：红嘴潜鸭。

识别特征：体长约 55cm。繁殖期雄鸟易识别，锈色的头部和橘红色的嘴与黑色前半身形成对比。叫声：相当少声；求偶炫耀时雄鸟发出"呼哧呼哧"的喘息声，雌鸟则发出似粗喘叫声。

分布范围：常见于保护区渥洼池、西土沟湿地。

分布状况：属保护区夏季繁殖留鸟。

保护级别：列入世界自然保护联盟（IUCN）2012 年濒危物种红色名录 ver 3.1——无危（LC）。列入中国国家林业和草原局 2000 年 8 月 1 日发布的《国家保护的有益的或者有重要经济、科学研究价值的陆生野生动物名录》。

（14）赤麻鸭

学　　名：*Tadorna ferruginea*

雁形目 > 鸭科 > 麻鸭属

俗　　名：黄鸭、黄凫、渎凫、红雁、喇嘛鸭。

识别特征：体长约 63cm，头皮黄，外形似雁。雄鸟夏季有狭窄的黑色领圈。嘴和腿黑色，虹膜褐色。叫声：声似"aakh"的嘶音低鸣，有时为重复的"pok—pok—pok—pok"。

分布范围：常见于保护区渥洼池、西土沟湿地。

分布状况：属保护区夏季繁殖候鸟。

保护级别：列入世界自然保护联盟（IUCN）2016 年濒危物种红色名录 ver 3.1——无危（LC）。列入中国国家林业和草原局 2000 年 8 月 1 日发布的《国家保护的有益的或者有重要经济、科学研究价值的陆生野生动物名录》。

（15）翘鼻麻鸭

学　　名：*Tadorna tadorna*

雁形目 > 鸭科 > 麻鸭属

俗　　名：白鸭、冠鸭、掘穴鸭、潦鸭、翘鼻鸭、花凫。

识别特征：体长约 60cm。嘴赤红色，上翘。繁殖期雄鸟有大型凸起红色皮质肉瘤。上背至胸部有棕栗色环带。

分布范围：常见于保护区渥洼池、西土沟湿地。

分布状况：属保护区过境候鸟。

保护级别：列入世界自然保护联盟（IUCN）2016 年濒危物种红色名录 ver 3.1——无危（LC）。列入中国国家林业和草原局 2000 年 8 月 1 日发布的《国家保护的有益的或者有重要经济、科学研究价值的陆生野生动物名录》。

（16）白眼潜鸭

学　　名：*Aythya nyroca*

雁形目 > 鸭科 > 潜鸭属

俗　　名：白眼凫。

识别特征：体长约 41cm。雄鸟头、颈、胸浓栗色，眼白色；雌鸟头、颈棕褐色，眼灰褐色。

分布范围：常见于保护区渥洼池、西土沟湿地。

分布状况：属保护区过境候鸟。

保护级别：列入世界自然保护联盟（IUCN）2019 年濒危物种红色名录 ver 3.1——近危（NT）。列入中国国家林业和草原局 2000 年 8 月 1 日发布的《国家保护的有益的或者有重要经济、科学研究价值的陆生野生动物名录》。

（17）凤头潜鸭

学　　名：*Aythya fuligula*

雁形目 > 鸭科 > 潜鸭属

俗　　名：泽凫、凤头鸭子、黑头四鸭。

识别特征：中等体形，体长约 42cm。头带特长羽冠。雄鸟黑色，腹部及体侧白；雌鸟深褐，两胁褐而羽冠短。叫声：冬季常少声；飞行时发出沙哑、低沉的"kur—r—r，kur—r—r"叫声。

分布范围：常见于保护区渥洼池、西土沟湿地。

分布状况：属保护区过境候鸟。

保护级别：列入世界自然保护联盟（IUCN）2016 年濒危物种红色名录 ver 3.1——无危（LC）。列入中国国家林业和草原局 2000 年 8 月 1 日发布的《国家保护的有益的或者有重要经济、科学研究价值的陆生野生动物名录》。

（18）红头潜鸭

学　　名：*Aythya ferina*

雁形目 > 鸭科 > 潜鸭属

俗　　名：红头鸭，矶凫。

识别特征：中等体形，体长约 46cm。栗红色的头部与亮灰色的嘴和黑色的胸部及上背形成对比。腰黑色但背及两胁显灰色，近看为白色带黑色蠕虫状细纹。叫声：雄鸟发出喘息似的哨音；雌鸟受惊时发出粗哑的"krrr"大叫。

分布范围：常见于保护区渥洼池、西土沟湿地。

分布状况：属保护区过境候鸟。

保护级别：列入世界自然保护联盟（IUCN）2016 年濒危物种红色名录 ver 3.1——易危（VU）。列入中国国家林业和草原局 2000 年 8 月 1 日发布的《国家保护的有益的或者有重要经济、科学研究价值的陆生野生动物名录》。

（19）鹊鸭

学　　名：*Bucephala clangula*

雁形目 > 鸭科 > 鹊鸭属

俗　　名：喜鹊鸭、金眼鸭、白脸鸭。

识别特征：体长约 48cm。雄鸟两颊近嘴处有大的白色
圆斑，外侧肩羽白色；雌鸟无白斑，颈基有白色颈环。

分布范围：常见于保护区渥洼池、西土沟湿地。

分布状况：属保护区冬候鸟。

保护级别：列入世界自然保护联盟（IUCN）2018 年濒
危物种红色名录 ver 3.1——无危（LC）。列入中国国家林业
和草原局 2000 年 8 月 1 日发布的《国家保护的有益的或者
有重要经济、科学研究价值的陆生野生动物名录》。

鹊鸭雄鸟

（20）豆雁

学　　名：*Anser fabalis*

雁形目 > 鸭科 > 雁属

俗　　名：大雁、麦鹅。

识别特征：体长约 80cm。脚为橘黄色，颈色暗，嘴黑而具橘黄色次端条带。飞行中较其他灰色雁类色暗而颈长。上、下翼无浅灰色调。虹膜暗棕。叫声：较深沉的似"hank— hank"的叫声。

分布范围：常见于保护区渥洼池、西土沟湿地。

分布状况：属保护区过境候鸟。

保护级别：列入世界自然保护联盟（IUCN）2018 年濒危物种红色名录 ver 3.1——无危（LC）。列入中国国家林业和草原局 2000 年 8 月 1 日发布的《国家保护的有益的或者有重要经济、科学研究价值的陆生野生动物名录》。

（21）灰雁

学　　名：*Anser anser*

雁形目 > 鸭科 > 雁属

俗　　名：大雁、沙鹅、灰腰雁、红嘴雁、沙雁、黄嘴灰鹅。

识别特征：体长 70~90cm，翼展 147~182cm，体大而肥胖。嘴、脚肉色，上体灰褐色，下体污白色。飞行时双翼拍打有力，振翅频率高。

分布范围：常见于保护区渥洼池、西土沟湿地。

分布状况：属保护区夏季繁殖候鸟。

保护级别：列入世界自然保护联盟（IUCN）2012 年濒危物种红色名录 ver 3.1——无危（LC）。列入中国国家林业和草原局 2000 年 8 月 1 日发布的《国家保护的有益的或者有重要经济、科学研究价值的陆生野生动物名录》。

（22）斑头雁

学　　名：*Anser indicus*

雁形目 > 鸭科 > 雁属

俗　　名：白头雁、黑纹头雁。

识别特征：体长约 70cm。头顶白色，有两道黑色带斑。

分布范围：常见于保护区渥洼池、西土沟湿地。

分布状况：属保护区夏候鸟。

保护级别：列入世界自然保护联盟（IUCN）2018 年濒危物种红色名录 ver 3.1——无危（LC）。
列入中国国家林业和草原局 2000 年 8 月 1 日发布的《国家保护的有益的或者有重要经济、科学研究
价值的陆生野生动物名录》。

（23）白额雁

学　　名：*Anser albifrons*

雁形目 > 鸭科 > 雁属

国家二级重点保护野生动物

俗　　名：大雁、花斑雁、明斑雁。

识别特征：体长 70~85cm。上体大多灰褐色；从上嘴基部至额有一宽阔白斑；下体白色，杂有黑色块斑。

分布范围：偶见于保护区渥洼池湿地。

分布状况：属保护区过境候鸟。

保护级别：列入世界自然保护联盟（IUCN）2016年濒危物种红色名录 ver 3.1——无危（LC）。

（24）鸿雁

学　　名：*Anser cygnoides*

雁形目 > 鸭科 > 雁属

国家二级重点保护野生动物

俗　　名：黑嘴雁、沙雁、草雁。

识别特征：体长约90cm，体重2.8~5kg。最鲜明的特征是嘴黑色，体色浅灰褐色，头顶到后颈暗棕褐色，前颈近白色。远处看起来头顶和后颈黑色，前颈近白色，黑白两色分明，反差强烈。

分布范围：常见于保护区渥洼池湿地。

分布状况：属保护区过境候鸟。2021年冬季有3只鸿雁在保护区越冬。

保护级别：列入世界自然保护联盟（IUCN）2016年濒危物种红色名录 ver3.1——易危（VU）。

文化信息：洞庭秋欲雪，鸿雁将安归。鸿雁是一种候鸟，春来北国，秋去南方，在千百年来的往返途中，传递了多少故事，承载了多少文化，真是难以尽数！在古诗词歌赋中，鸿雁的文化内涵非常丰富、深厚，常常被喻为人间传递书信的使者。因此，鸿雁也是一种文化鸟。

8 鸻形目
Charadriiformes

8.1 鸻科
Charadriidae

（1）灰斑鸻

学　　名：*Pluvialis squatarola*

鸻形目 > 鸻科 > 斑鸻属

俗　　名：灰鸻。

识别特征：中等体形，长约28cm。嘴短厚，体形较金斑鸻大，头及嘴较大，上体褐灰，下体近白，飞行时翼纹和腰部偏白，黑色的腋羽与白色的下翼基部成黑色块斑。叫声：哀伤的三音节哨音"chee—woo—ee"，不甚清晰，音调各有升降。

分布范围：常见于保护区渥洼池、西土沟湿地。

分布状况：属保护区过境候鸟。

保护级别：列入世界自然保护联盟（IUCN）2012 年濒危物种红色名录 ver 3.1——无危（LC）。

（2）金斑鸻

学　　名：*Pluvialis fulva*

鸻形目 > 鸻科 > 斑鸻属

俗　　名：金鸻、太平洋金斑鸻。

识别特征：中等体形，长约 25cm。嘴形直，端部膨大呈矛状。冬羽上体满布褐色、白色和金黄色杂斑，下体也具褐、灰和黄色斑点。夏羽额白色，向后与眼上方宽阔的白斑汇合，向下与胸侧相连；上体余部淡黑褐并密杂以金黄色点斑；下体从喉至腹呈黑色。飞行时，翅尖而窄，尾呈扇形展开。鸣叫声是一种突然、呼啸的一系列快速的音符，也使用了各种不同的声音，其中包括吹哨声"tuu—u—ee"。

分布范围：常见于保护区渥洼池、西土沟湿地。

分布状况：属保护区过境候鸟。

保护级别：列入世界自然保护联盟（IUCN）2016 年濒危物种红色名录 ver3.1——无危（LC）。列入国家林业和草原局 2000 年 8 月 1 日发布的《国家保护的有益的或者有重要经济、科学研究价值的陆生野生动物名录》。

（3）金眶鸻

学　　名：*Charadrius dubius*

鸻形目 > 鸻科 > 鸻属

俗　　名：黑领鸻。

识别特征：体小，体长约 16cm。嘴短。与环颈鸻及马来沙鸻的区别在于具黑或褐色的全胸带，腿黄色。叫声：飞行时发出清晰而柔和的拖长降调哨音 "pee—oo"。

分布范围：常见于保护区渥洼池、西土沟湿地。

分布状况：属保护区夏季繁殖候鸟。

保护级别：列入世界自然保护联盟（IUCN）2016 年濒危物种红色名录 ver 3.1——无危（LC）。

（4）环颈鸻

学　　名：*Charadrius alexandrinus*

鸻形目 > 鸻科 > 鸻属

俗　　名：白领鸻。

识别特征：体小，体长约 15cm。与金眶鸻的区别在腿黑色，飞行时具白色翼上横纹，尾羽外侧更白。叫声：重复的轻柔单音节升调"pik"叫声。

分布范围：常见于保护区渥洼池、西土沟湿地。

分布状况：属保护区夏季繁殖候鸟。

保护级别：列入世界自然保护联盟（IUCN）2016 年濒危物种红色名录 ver 3.1——无危（LC）。列入中国国家林业和草原局 2000 年 8 月 1 日发布的《国家保护的有益的或者有重要经济、科学研究价值的陆生野生动物名录》。

（5）凤头麦鸡

学　　名：*Vanellus vanellus*

鸻形目 > 鸻科 > 麦鸡属

俗　　名：北方麦鸡。

识别特征：体长约 30cm。喉和前颈黑色。雄鸡有长而向前反曲的黑色冠羽，飞翔时翼尖白色，尾下覆羽暗栗红色。

分布范围：常见于保护区渥洼池、西土沟湿地。

分布状况：属保护区过境候鸟。

保护级别：列入世界自然保护联盟（IUCN）2016 年濒危物种红色名录 ver 3.1——近危（NT）。列入国家林业和草原局 2000 年 8 月 1 日发布的《国家保护的有益的或者有重要经济、科学研究价值的陆生野生动物名录》。

（6）灰头麦鸡

学　　名：*Vanellus cinereus*

鸻形目 > 鸻科 > 麦鸡属

俗　　名：暂无。

识别特征：体长约35cm。头、颈、胸灰色，下胸具黑色横带，其余下体白色，背茶褐色，尾上覆羽和尾白色，尾具黑色端斑。嘴黄色，先端黑色；脚较细长，亦为黄色。飞翔时除翼尖和尾端黑色外，翅下和从胸至尾全为白色，翅上初级飞羽和次级飞羽黑白分明。

分布范围：多见于渥洼池湿地。

分布状况：属保护区过境候鸟。

保护级别：列入世界自然保护联盟（IUCN）2016年濒危物种红色名录ver3.1——无危（LC）。列入中国国家林业和草原局2000年8月1日发布的《国家保护的有益的或者有重要经济、科学研究价值的陆生野生动物名录》。

8.2 鹬科
Scolopacidae

（1）红脚鹬

学　名：*Tringa totanus*

鸻形目 > 鹬科 > 鹬属

俗　名：赤足鹬、东方红腿、红腿泥岸（札鸟）、红腿札。

识别特征：中等体形，体长约 28cm，腿橙红色，嘴基半部为红色。上体褐灰，下体白色，胸具褐色纵纹。叫声：多有声响；飞行时发出降调的悦耳哨音"teu hu—hu"，在地面时发出单音"teyuu"。

分布范围：常见于保护区渥洼池、西土沟湿地。

分布状况：属保护区夏候鸟。

保护级别：列入世界自然保护联盟（IUCN）2012 年濒危物种红色名录 ver3.1——无危（LC）。

（2）白腰草鹬

学　　名：*Tringa ochropus*

鸻形目 > 鹬科 > 鹬属

俗　　名：绿鹬。

识别特征：中等体形，体长约23cm，矮壮，深绿褐色，腹部及臀白色。飞行时黑色的下翼、白色的腰部及尾部的横斑极显著。上体绿褐色杂白点；两翼及下背几乎全黑；尾白，端部具黑色横斑。飞行时脚伸至尾后。叫声：响亮如流水般的"tlooeet—ooeet—ooeet"，第二音节拖长。

分布范围：常见于保护区渥洼池、西土沟湿地。

分布状况：属保护区过境候鸟。

保护级别：列入世界自然保护联盟（IUCN）2012年濒危物种红色名录 ver 3.1——无危（LC）。

（3）林鹬

学　　名：*Tringa glareola*

鸻形目 > 鹬科 > 鹬属

俗　　名：林札子、油锥。

识别特征：体长约 20cm。脚黄色，眉斑白色，背黑褐色，覆羽上有白色斑点，飞翔时翼下大致为白色，脚伸出尾部甚长。

分布范围：常见于保护区渥洼池、西土沟湿地。

分布状况：属保护区过境候鸟。

保护级别：列入世界自然保护联盟（IUCN）2013 年濒危物种红色名录 ver 3.1——无危（LC）。列入中国国家林业和草原局 2000 年 8 月 1 日发布的《国家保护的有益的或者有重要经济、科学研究价值的陆生野生动物名录》。

（4）泽鹬

学　　名：*Tringa stagnatilis*

鸻形目 > 鹬科 > 鹬属

俗　　名：小青足鹬。

识别特征：体长约 23cm。嘴角细长、嘴墨绿色，脚黄绿色，腰尾白色。夏季背灰褐色，有黑色羽轴斑和白斑点；冬季上体浅灰色，有白色羽缘。

分布范围：常见于保护区渥洼池、西土沟湿地。

分布状况：属保护区过境候鸟。

保护级别：列入世界自然保护联盟（IUCN）2016 年濒危物种红色名录 ver3.1——无危（LC）。列入中国国家林业和草原局 2000 年 8 月 1 日发布的《国家保护的有益的或者有重要经济、科学研究价值的陆生野生动物名录》。

（5）翻石鹬

学　　名：*Arenaria interpres*

鸻形目 > 鹬科 > 翻石鹬属

国家二级重点保护野生动物

识别特征：红翻石鹬。

识别特征：体长 18~24cm，体重 82~135g。高矮兼有，看起来十分滑稽。它们在繁殖季时体色非常醒目，由栗色、白色和黑色交杂而成，嘴短、黑色，脚橙红色。到了冬天，翻石鹬身上的栗红色就会消失，换上单调且朴素的深褐色羽毛。

分布范围：常见于保护区渥洼池、西土沟湿地。

分布状况：属保护区过境候鸟。

保护级别：列入世界自然保护联盟（IUCN）2016 年濒危物种红色名录 ver3.1——无危（LC）。列入中国国家林业和草原局 2000 年 8 月 1 日发布的《国家保护的有益的或者有重要经济、科学研究价值的陆生野生动物名录》。

（6）鹤鹬

学　　名：*Tringa erythropus*

鸻形目 > 鹬科 > 鹬属

俗　　名：点斑红脚鹬。

识别特征：体长约 30cm。嘴较长且细直，嘴黑色，下嘴基部红色。飞翔时白色下背和伸出尾部的红脚极为明显。夏季通体黑色，背有白色羽缘；冬季背鼠灰色，腹部白色，眉斑白色。

分布范围：常见于保护区渥洼池、西土沟湿地。

分布状况：属保护区过境候鸟。

保护级别：列入世界自然保护联盟（IUCN）2012 年濒危物种红色名录 ver3.1——无危（LC）。列入中国国家林业和草原局 2000 年 8 月 1 日发布的《国家保护的有益的或者有重要经济、科学研究价值的陆生野生动物名录》。

（7）青脚鹬

学　　名：*Tringa nebularia*

鸻形目 > 鹬科 > 鹬属

俗　　名：普通青脚鹬。

识别特征：体长约 32cm。嘴微向上翘，黑色；脚长，蓝绿色。飞翔时下背及腰白色明显，脚伸出尾部甚长。夏季上体灰黑色，有黑色轴斑和白色羽缘，前颈和胸有白色纵斑；冬季背上颜色较暗，纵斑消失。

分布范围：常见于保护区渥洼池、西土沟湿地。

分布状况：属保护区夏候鸟。

保护级别：列入世界自然保护联盟（IUCN）2012 年濒危物种红色名录 ver 3.1——无危（LC）。列入中国国家林业和草原局 2000 年 8 月 1 日发布的《国家保护的有益的或者有重要经济、科学研究价值的陆生野生动物名录》。

（8）白腰杓鹬

学　　名：*Numenius arquata*

鸻形目 > 鹬科 > 杓鹬属

国家二级重点保护野生动物

俗　　名：白腰鹬喽儿、大勺鹬、构捞、麻鹬。

识别特征：体长约 23cm。嘴特别长而向下弯曲，黑褐色，腰至尾羽、翼下覆羽、尾下覆羽均为白色。

分布范围：常见于保护区渥洼池、西土沟湿地。

分布状况：属保护区过境候鸟。

保护级别：列入世界自然保护联盟（IUCN）2016 年濒危物种红色名录 ver3.1——近危（NT）。列入中国国家林业和草原局 2000 年 8 月 1 日发布的《国家保护的有益的或者有重要经济、科学研究价值的陆生野生动物名录》。

（9）黑尾塍鹬

学　　名：*Limosa limosa*

鸻形目 > 鹬科 > 塍鹬属

俗　　名：黑尾鹬。

识别特征：体长约 42cm。嘴长而直，基部肉色、尖端黑色。飞翔时白腰，尾端黑带及白色翼带明显。夏季头、颈、胸栗红色；冬季灰褐色。

分布范围：常见于保护区渥洼池、西土沟湿地。

分布状况：属保护区过境候鸟。

保护级别：列入世界自然保护联盟（IUCN）2012 年濒危物种红色名录 ver3.1——近危（NT）。

（10）矶鹬

学　　名：*Actitis hypoleucos*

鸻形目 > 鹬科 > 矶鹬属

俗　　名：暂无。

识别特征：体长约20cm。眉白色，有白眼圈，下体白色，翼角前方有由胸腹部延伸的白色带斑。

分布范围：常见于保护区渥洼池、西土沟湿地。

分布状况：属保护区过境候鸟。

保护级别：列入世界自然保护联盟（IUCN）2017年濒危物种红色名录ver 3.1——无危（LC）。

（11）弯嘴滨鹬

学　　名：*Calidris ferruginea*

鸻形目 > 鹬科 > 滨鹬属

俗　　名：暂无。

识别特征：体形略小，体长约21cm。腰部白色明显，嘴长而下弯。上体大部灰色几无纵纹；下体白。眉纹、翼上横纹及尾上覆羽的横斑均白。

分布范围：常见于保护区渥洼池、西土沟湿地。

分布状况：属保护区过境候鸟。

保护级别：列入世界自然保护联盟（IUCN）2016年濒危物种红色名录ver 3.1——近危（NT）。列入中国国家林业和草原局2000年8月1日发布的《国家保护的有益的或者有重要经济、科学研究价值的陆生野生动物名录》。

（12）青脚滨鹬

学　　名：*Calidris temminckii*

鸻形目 > 鹬科 > 滨鹬属

俗　　名：乌脚滨鹬。

识别特征：体小，体长约14cm，矮壮，腿短，灰色。上体（冬季）全暗灰；下体胸灰色，至腹部渐变为近白色。尾长于拢翼。叫声：短快而似蝉鸣的独特颤音叫声——"tirrrrrrit"。

分布范围：常见于保护区渥洼池、西土沟湿地。

分布状况：属保护区过境候鸟。

保护级别：列入世界自然保护联盟（IUCN）2016年濒危物种红色名录 ver 3.1——无危（LC）。列入中国国家林业和草原局2000年8月1日发布的《国家保护的有益的或者有重要经济、科学研究价值的陆生野生动物名录》。

（13）红颈滨鹬

学　　名：*Calidris ruficollis*

鸻形目 > 鹬科 > 滨鹬属

俗　　名：红胸滨鹬。

识别特征：体长约 15cm。夏季头、颈、颊和上胸红褐色，背有黑褐色斑点及红褐色和白色羽缘；冬季红褐色消失。

分布范围：常见于保护区渥洼池、西土沟湿地。

分布状况：属保护区过境候鸟。

保护级别：列入世界自然保护联盟（IUCN）2016 年濒危物种红色名录 ver 3.1——近危（NT）。

（14）流苏鹬

学　　名：*Philomachus pugnax*

鸻形目 > 鹬科 > 流苏鹬属

俗　　名：暂无。

识别特征：体长约 28cm。飞翔时尾两侧有长椭圆形白斑。夏季雄鸟头后至耳羽后方有耳簇状饰羽，颈部有流苏状饰羽，颜色丰富；冬季头颈无饰羽。

分布范围：常见于保护区渥洼池、西土沟湿地。

分布状况：属保护区过境候鸟。

保护级别：列入世界自然保护联盟（IUCN）2012 年濒危物种红色名录 ver 3.1——无危（LC）。

（15）中杓鹬

学　　名：*Numenius phaeopus*

鸻形目 > 鹬科 > 杓鹬属

俗　　名：暂无。

识别特征：体长约 43cm。眉纹色浅，具黑色顶纹，嘴长而下弯。

分布范围：常见于保护区渥洼池、西土沟湿地。

分布状况：属保护区过境候鸟。

保护级别：列入世界自然保护联盟（IUCN）2016 年濒危物种红色名录 ver 3.1——无危（LC）。列入中国国家林业和草原局 2000 年 8 月 1 日发布的《国家保护的有益的或者有重要经济、科学研究价值的陆生野生动物名录》。

（16）红颈瓣蹼鹬

学　　名：*Phalaropus lobatus*

鸻形目 > 鹬科 > 瓣蹼鹬属

俗　　名：红领瓣足鹬。

识别特征：体长约 18cm。嘴细长、黑色。夏季雄鸟耳后至前颈有橙红色环带；雌鸟颈带棕红色。冬季上体灰黑色，羽缘白色。

分布范围：常见于保护区渥洼池、西土沟湿地。

分布状况：属保护区过境候鸟。

保护级别：列入世界自然保护联盟（IUCN）2016 年濒危物种红色名录 ver3.1——无危（LC）。列入中国国家林业和草原局 2000 年 8 月 1 日发布的《国家保护的有益的或者有重要经济、科学研究价值的陆生野生动物名录》。

（17）阔嘴鹬

学　　名：*Limicola falcinellus*

鸻形目 > 鹬科 > 阔嘴鹬属

国家二级重点保护野生动物

俗　　名：暂无。

识别特征：体长 16~18cm。嘴长而宽扁，向下弯曲。有白色
眉斑和头侧线。夏季背中心有"V"形白斑；冬季翼角颜色较黑。

分布范围：常见于保护区渥洼池、西土沟湿地。

分布状况：属保护区过境候鸟。

保护级别：列入世界自然保护联盟（IUCN）2013 年濒危物
种红色名录 ver 3.1——无危（LC）。列入中国国家林业和草原
局 2000 年 8 月 1 日发布的《国家保护的有益的或者有重要经济、
科学研究价值的陆生野生动物名录》。

8.3 反嘴鹬科
Recurvirostridea

（1）黑翅长脚鹬
学　　名：*Himantopus himantopus*
鸻形目 > 反嘴鹬科 > 长脚鹬属

俗　　名：红腿娘子、高跷鸻。
识别特征：高挑、修长，体长约 37cm。特征为细长的嘴黑色，两翼黑，长长的腿红色，体羽白。颈背具黑色斑块。幼鸟褐色较浓，头顶及颈背沾灰。虹膜粉红。叫声：发出高音管笛声及燕鸥样的"kik—kik—kik"声。
分布范围：常见于保护区渥洼池、西土沟、山水沟等湿地。
分布状况：属保护区夏季繁殖候鸟，数量较多。
保护级别：列入世界自然保护联盟（IUCN）2016 年濒危物种红色名录 ver 3.1——无危（LC）。列入中国国家林业和草原局 2000 年 8 月 1 日发布的《国家保护的有益的或者有重要经济、科学研究价值和陆生野生动物名录》。

（2）反嘴鹬

学　　名：*Recurvirostra avosetta*

鸻形目 > 反嘴鹬科 > 反嘴鹬属

俗　　名：反嘴鸻。

识别特征：体高，体长约43cm。腿灰色，黑色的嘴细长而上翘。飞行时从下面看体羽全白，仅翼尖黑色。具黑色的翼上横纹及肩部条纹。虹膜褐色，脚黑色。叫声：经常发出清晰似笛的"kluit，kluit，kluit"叫声。

分布范围：常见于保护区渥洼池、西土沟湿地。

分布状况：属保护区过境候鸟，数量相对较多。

保护级别：列入世界自然保护联盟（IUCN）2016年濒危物种红色名录 ver3.1——无危（LC）。列入中国国家林业和草原局2000年8月1日发布的《国家保护的有益的或者有重要经济、科学研究价值的陆生野生动物名录》。

8.4 鸥科
Laridae

（1）黑尾鸥

学　　名：*Larus crassirostris*

鸻形目 > 鸥科 > 鸥属

俗　　名：海猫 、猫鸥。

识别特征：中等体形，体长约 47cm。两翼长窄，上体深灰，腰白，尾白而具宽大的黑色次端带。冬季头顶及颈背具深色斑。合拢的翼尖上具四个白色斑点。叫声：哀怨的"咪咪"叫声。

分布范围：常见于保护区渥洼池、西土沟湿地。

分布状况：属保护区过境候鸟。

保护级别：列入世界自然保护联盟（IUCN）2012 年濒危物种红色名录 ver 3.1——无危（LC）。列入中国国家林业和草原局 2000 年 8 月 1 日发布的《国家保护的有益的或者有重要经济、科学研究价值的陆生野生动物名录》。

（2）须浮鸥

学　　名：*Chlidonias hybrida*

鸻形目＞鸥科＞浮鸥属

俗　　名：暂无。

识别特征：体长约 25cm。腹部深色（夏季），尾浅开叉。繁殖期顶冠黑色且下缘水平，胸腹部深色。

分布范围：常见于保护区渥洼池、西土沟湿地。

分布状况：属保护区夏季繁殖候鸟。

保护级别：列入世界自然保护联盟（IUCN）2013 年濒危物种红色名录 ver 3.1——无危（LC）。列入中国国家林业和草原局 2000 年 8 月 1 日发布的《国家保护的有益的或者有重要经济、科学研究价值的陆生野生动物名录》。

（3）棕头鸥

学　　名：*Larus brunnicephalus*

鸻形目 > 鸥科 > 彩头鸥属

俗　　名：暂无。

识别特征：中等体形，体长约42cm。背灰，初级飞
羽基部具大块白斑，黑色翼尖具白色点斑为本种识别特
征。叫声：沙哑的"gek，gek"声及响亮哭叫声——"ko—
yek，ko yek"。

分布范围：常见于保护区渥洼池、西土沟湿地。

分布状况：属保护区过境候鸟。

保护级别：列入世界自然保护联盟（IUCN）2012年
濒危物种红色名录 ver 3.1——无危（LC）。列入中国国家
林业和草原局2000年8月1日发布的《国家保护的有益的
或者有重要经济、科学研究价值的陆生野生动物名录》。

（4）普通燕鸥

学　　名：*Sterna hirundo*

鸻形目 > 鸥科 > 燕鸥属

俗　　名：暂无。

识别特征：体形略小，体长约35cm。头顶黑色。尾深叉形。繁殖期：整个头顶黑色，胸灰色。非繁殖期：上翼及背灰色，尾上覆羽、腰及尾白色，额白，头顶具黑色及白色杂斑，颈背最黑，下体白。叫声：沙哑的降调 "keerar" 声，重音在第一音节。

分布范围：常见于保护区渥洼池、西土沟湿地。

分布状况：属保护区夏候鸟。

保护级别：列入世界自然保护联盟（IUCN）2016年濒危物种红色名录ver3.1——无危（LC）。列入中国国家林业和草原局2000年8月1日发布的《国家保护的有益的或者有重要经济、科学研究价值的陆生野生动物名录》。

（5）渔鸥

学　　名：*Ichthyaetus ichthyaetus*

鸻形目 > 鸥科 > 渔鸥属

俗　　名：暂无。

识别特征：体大，体长约 68cm。头黑而嘴近黄，上、下眼睑白色，嘴厚重且色彩有异。冬羽头白，眼周具暗斑，头顶有深色纵纹，嘴上红色大部分消失。飞行时翼下全白，仅翼尖有小块黑色并具翼镜。叫声：粗哑叫声似鸦。

分布范围：常见于保护区渥洼池、西土沟湿地。

分布状况：属保护区过境候鸟。

保护级别：列入世界自然保护联盟（IUCN）2012 年濒危物种红色名录 ver 3.1——无危（LC）。列入中国国家林业和草原局 2000 年 8 月 1 日发布的《国家保护的有益的或者有重要经济、科学研究价值的陆生野生动物名录》。

（6）红嘴鸥

学　　名：*Chroicocephalus ridibundus*

鸻形目 > 鸥科 > 彩头鸥属

俗　　名：笑鸥、钓鱼郎、黑头鸥、水鸽子。

识别特征：中等体形，体长约 40cm。眼后具黑色点斑（冬季），嘴及脚红色，深巧克力褐色的头罩延伸至顶后，于繁殖期延至白色的后颈。翼前缘白色，翼尖的黑色并不长，翼尖无或微具白色点斑。叫声：沙哑的"kwar"叫声。

分布范围：常见于保护区渥洼池、西土沟湿地。

分布状况：属保护区过境候鸟。

保护级别：列入世界自然保护联盟（IUCN）2018 年濒危物种红色名录 ver3.1——无危（LC）。列入中国国家林业和草原局 2000 年 8 月 1 日发布的《国家保护的有益的或者有重要经济、科学研究价值的陆生野生动物名录》。

（7）海鸥

学　　名：*Larus canus*

鸻形目 > 鸥科 > 鸥属

俗　　名：暂无。

识别特征：体长 38~44cm。腿及无斑环的细嘴绿黄色，白尾，初级飞羽羽尖白色，具大块的白色翼镜。

分布范围：常见于保护区渥洼池、西土沟湿地。

分布状况：属保护区过境候鸟。

保护级别：列入世界自然保护联盟（IUCN）2018 年濒危物种红色名录 ver3.1——无危（LC）。列入中国国家林业和草原局 2000 年 8 月 1 日发布的《国家保护的有益的或者有重要经济、科学研究价值的陆生野生动物名录》。

（8）白额燕鸥

学　　名：*Sterna albifrons*

鸻形目 > 鸥科 > 燕鸥属

俗　　名：小燕鸥、小海燕。

识别特征：体长 21~25cm，翼展 41~47cm。白色额羽；头顶和枕部为黑色，在冬季微缀有白点；上体瓦灰色，下体白中沾灰；白色尾部具有深叉；喙和足为黄色，喙尖黑。

分布范围：多见于渥洼池湿地。

分布状况：属保护区过境候鸟。

保护级别：列入世界自然保护联盟（IUCN）2012 年濒危物种红色名录 ver3.1——无危（LC）。列入中国国家林业和草原局 2000 年 8 月 1 日发布的《国家保护的有益的或者有重要经济、科学研究价值的陆生野生动物名录》。

9 鸡形目
Galliformes

雉科
Phasianidae

环颈雉

学　　名：*Phasianus colchicus*

鸡形目 > 雉科 > 雉属

俗　　名：雉鸡、野鸡、山鸡、项圈野鸡、野山鸡、七彩山鸡。

识别特征：体长约 85cm。眉纹白色，颈部下方有一圈显著白色环纹，因而得名。羽毛华丽，尾羽较长、中央尾羽尖长，呈灰黄色，具有对称黑色横斑。

分布范围：常见于保护区渥洼池、西土沟、山水沟湿地。

分布状况：属保护区留候鸟。

保护级别：列入世界自然保护联盟（IUCN）2016 年濒危物种红色名录 ver 3.1——无危（LC）。其中国亚种全部列入中国国家林业和草原局 2000 年 8 月 1 日发布的《国家保护的有益的或者有重要经济、科学研究价值的陆生野生动物名录》。

10 鹃形目
Cuculiformes

杜鹃科
Cuculidae

大杜鹃

学　　名：*Cuculus canorus*

鹃形目 > 杜鹃科 > 杜鹃属

俗　　名：喀咕、布谷、郭公、获谷。

识别特征：中等体形，体长约 32cm。上体灰色，尾偏黑色，腹部近白而具黑色横斑。"棕红色"变异型雌鸟为棕色，背部具黑色横斑。叫声：响亮清晰的"kukoo"声，通常只在繁殖地才能听到。

分布范围：保护区见于西土沟、阳关林场等地。

分布状况：属保护区夏候鸟。

保护级别：列入世界自然保护联盟（IUCN）2016 年濒危物种红色名录 ver3.1——无危（LC）。列入中国国家林业和草原局 2000 年 8 月 1 日发布的《国家保护的有益的或者有重要经济、科学研究价值的陆生野生动物名录》。

11 鸽形目
Columbiformes

11.1 鸠鸽科
Columbidae

（1）岩鸽

学　　名：*Columba rupestris*

鸽形目 > 鸠鸽科 > 鸽属

俗　　名：野鸽子、横纹尾石鸽、山石鸽。

识别特征：中等体形，体长约31cm。翼上具两道黑色横斑。腹部及背色较浅，尾上有宽阔的偏白色次端带，灰色的尾基、浅色的背部及尾上的此带成明显对比。虹膜浅褐色；嘴黑色，蜡膜肉色；脚红色。叫声：反复的"咯咯"声，如人在打嗝。

分布范围：常见于保护区西土沟等地。

分布状况：属保护区无定性留鸟。

保护级别：列入世界自然保护联盟（IUCN）2012年濒危物种红色名录 ver 3.1——无危（LC）。

（2）欧鸽

学　　名：*Columba oenas*

鸽形目 > 鸠鸽科 > 鸽属

俗　　名：暂无。

识别特征：体长约 31cm。胸偏粉色，颈侧具金属绿色块斑，翼具两道黑色纵斑纹。

分布范围：偶见于保护区渥洼池湿地。

分布状况：属保护区过境候鸟。

保护级别：列入世界自然保护联盟（IUCN）2016 年濒危物种红色名录 ver3.1——无危（LC）。

（3）家鸽

学　　名：*Columba*

鸽形目 > 鸠鸽科 > 鸽属

俗　　名：暂无。

识别特征：体长 29~36cm。由原鸽驯化而成。体呈纺锤形。嘴短，基部被以蜡膜。眼有眼睑和瞬膜，外耳孔由羽毛遮盖，视觉、听觉都很灵敏。翼长大，善飞。羽毛颜色多样。

分布范围：偶见于保护区保护站。

分布状况：属保护区无定性留鸟。

保护级别：暂无。

（4）灰斑鸠

学　　名：*Streptopelia decaocto*

鸽形目 > 鸠鸽科 > 斑鸠属

俗　　名：灰鸽子。

识别特征：中等体形，体长约 32cm。明显特征为后颈具黑白色半领圈。色浅而多灰。虹膜褐色，嘴灰色，脚粉红。叫声：响亮的三音节 "coo—cooh—coo" 声。

分布范围：常见于保护区西土沟、阳关林场、二墩绿洲等地。

分布状况：属保护区无定性留鸟。

保护级别：列入世界自然保护联盟（IUCN）2016 年濒危物种红色名录 ver 3.1——无危（LC）。

（5）山斑鸠

学　　名：*Streptopelia orientalis*

鸽形目 > 鸠鸽科 > 斑鸠属

俗　　名：斑鸠、金背斑鸠、麒麟鸠、雉鸠、麒麟斑、花翼。

识别特征：中等体形，体长约 32cm。颈侧有带明显黑白色条纹的块状斑。上体的深色扇贝斑纹体羽羽缘棕色，腰灰，尾羽近黑，尾梢浅灰。下体多偏粉色。虹膜黄色，嘴灰色，脚粉红。叫声：为悦耳的"kroo kroo—kroo kroo"声。

分布范围：常见于保护区西土沟、阳关林场、二墩绿洲等地。

分布状况：属保护区过境候鸟。

保护级别：列入世界自然保护联盟（IUCN）2012 年濒危物种红色名录 ver 3.1——无危（LC）。列入中国国家林业和草原局 2000 年 8 月 1 日发布的《国家保护的有益的或者有重要经济、科学研究价值的陆生野生动物名录》。

11.2 沙鸡科
Pteroclidae

毛腿沙鸡

学　　名：*Syrrhaptes paradoxus*

鸽形目 > 沙鸡科 > 毛腿沙鸡属

俗　　名：沙鸡、突厥雀、寇雉、鸠、辍鸡、沙半斤。

识别特征：体长约36cm。尾羽延长，上体具浓密黑色杂点，脸侧有橙黄色斑纹，眼周蓝色。无黑色喉块，腹部具特征性的黑色斑块。雄鸟胸部浅灰，无纵纹。飞行时翼形尖，翼下白色，次级飞羽具狭窄黑色缘。虹膜褐色；嘴偏绿；脚偏蓝，被羽。叫声：群鸟发出嘈杂的"kirik"或"cu—ruu cu—ruu cu—ou—ruu"声。飞行时两翼呼呼生风。

分布范围：常见于保护区渥洼池、碱泉子绿洲。

分布状况：属保护区夏季繁殖留鸟，数量较多。

保护级别：列入世界自然保护联盟（IUCN）2012年濒危物种红色名录 ver 3.1——无危（LC）。列入中国国家林业和草原局2000年8月1日发布的《国家保护的有益的或者有重要经济、科学研究价值的陆生野生动物名录》。

12 雀形目
Passeriformes

12.1 雀科
Passeridae

（1）树麻雀

学　　名：*Passer montanus*

雀形目 > 雀科 > 麻雀属

俗　　名：麻雀、霍雀、瓦雀、嘉宾、硫雀、家雀、老家贼、只只。

识别特征：体形略小，体长约 14cm。顶冠及颈背褐色，两性同色。成鸟上体近褐，下体皮黄灰色，颈背具完整的灰白色颈环。脸颊具明显黑色点斑且喉部黑色较少。叫声为生硬的"cheep cheep"声或金属音的"tzooit"声。

分布范围：常见于保护区林地及管护站。

分布状况：属保护区无定性留鸟。

保护级别：列入世界自然保护联盟（IUCN）2016 年濒危物种红色名录 ver 3.1——无危（LC）。

（2）家麻雀

学　　名：*Passer domesticus*

雀形目 > 雀科 > 雀属

俗　　名：英格兰麻雀、欧洲麻雀。

识别特征：体长约 15cm。背栗红色具黑色纵纹，两侧具皮黄色纵纹；颏、喉和上胸黑色，脸颊白色；其余下体白色，翅上具白色带斑。

分布范围：常见于保护区林地及管护站。

分布状况：属保护区无定性留鸟。

保护级别：列入世界自然保护联盟（IUCN）2013 年濒危物种红色名录 ver 3.1——无危（LC）。

（3）黑顶麻雀

学　　名：*Passer ammodendri*

雀形目 > 雀科 > 雀属

俗　　名：暂无。

识别特征：中等体形，体长约 15cm。繁殖期雄鸟头顶有黑色的冠顶纹至颈背，眼纹及颏黑，眉纹及枕侧棕褐，脸颊浅灰。上体褐色而密布黑色纵纹。叫声：圆润的"啾啾"声及短促哨音。

分布范围：偶见于保护区林地。

分布状况：属保护区无定性留鸟。

保护级别：列入世界自然保护联盟（IUCN）2016 年濒危物种红色名录 ver 3.1——无危（LC）。

12.2 燕雀科
Fringillidae

（1）燕雀

学　　名：*Fringilla montifringilla*

雀形目 > 燕雀科 > 燕雀属

俗　　名：虎皮燕雀、虎皮雀、花鸡、花雀。

识别特征：体长约 16cm。从头至背辉黑色，背具黄褐色羽缘。腰白色，颏、喉、胸橙黄色，腹至尾下覆羽白色，两胁淡棕色而具黑色斑点。两翅和尾黑色，翅上具白斑。

分布范围：见于保护区湿地、绿洲、林地。

分布状况：属保护区过境候鸟。

保护级别：列入世界自然保护联盟（IUCN）2012 年濒危物种红色名录 ver 3.1——无危（LC）。列入中国国家林业和草原局 2000 年 8 月 1 日发布的《国家保护的有益的或者有重要经济、科学研究价值的陆生野生动物名录》。

（2）蒙古沙雀

学　　名：*Rhodopechys mongolica*

雀形目 > 燕雀科 > 沙雀属

俗　　名：土红子。

识别特征：中等体形，体长 10~15cm，体重 15~23g。纯沙褐色。嘴厚重而呈暗角质色，翼羽的粉红色羽缘通常可见。

分布范围：见于保护区湿地、绿洲、林地。

分布状况：属保护区过境候鸟。

保护级别：列入世界自然保护联盟（IUCN）2018 年濒危物种红色名录 ver 3.1——无危（LC）。

12.3 百灵科
Alaudidae

（1）凤头百灵
学　　名：*Galerida cristata*

雀形目 > 百灵科 > 凤头百灵属

俗　　名：凤头阿鹨儿、大阿勒。

识别特征：体形略大，体长约 18cm。冠羽长而窄。上体沙褐而具近黑色纵纹，尾覆羽皮黄色。下体浅皮黄，胸密布近黑色纵纹。看似矮墩而尾短，嘴略长而下弯。叫声：升空时发出清晰的"du—ee"及笛音"ee"或"uu"。

分布范围：常见于保护区渥洼池湿地、绿洲及林地。

分布状况：属保护区留鸟。

保护级别：列入世界自然保护联盟（IUCN）2013 年濒危物种红色名录 ver 3.1——无危（LC）。列入中国国家林业和草原局 2000 年 8 月 1 日发布的《国家保护的有益的或者有重要经济、科学研究价值的陆生野生动物名录》。

（2）角百灵

学　　名：*Eremophila alpestris*

雀形目 > 百灵科 > 角百灵属

俗　　名：暂无。

识别特征：体长约 16cm。上体棕褐色至灰褐色，前额白色，顶部红褐色；在额部与顶部之间具宽阔的黑色带纹，带纹的后两侧有黑色羽毛突起于头后如角。

分布范围：常见于保护区渥洼池湿地、绿洲及林地。

分布状况：属保护区留鸟。

保护级别：列入世界自然保护联盟（IUCN）2016 年濒危物种红色名录 ver 3.1——无危（LC）。列入中国国家林业和草原局 2000 年 8 月 1 日发布的《国家保护的有益的或者有重要经济、科学研究价值的陆生野生动物名录》。

（3）云雀

学　　名：*Alauda arvensis*

雀形目 > 百灵科 > 云雀属

国家二级重点保护野生动物

俗　　名：告天子、告天鸟、阿兰、大鷚、天鷚、朝天子。

识别特征：体长约 18cm。背部花褐色和浅黄色，胸腹部白色至深棕色。外尾羽白色，尾巴棕色。后脑勺具羽冠。

分布范围：常见于保护区渥洼池湿地、绿洲及林地。

分布状况：属保护区留鸟。

保护级别：列入世界自然保护联盟（IUCN）2018 年濒危物种红色名录 ver3.1——无危（LC）。列入中国国家林业和草原局 2000 年 8 月 1 日发布的《国家保护的有益的或者有重要经济、科学研究价值的陆生野生动物名录》。

12.4 鹟科
Muscicapidae

（1）红腹红尾鸲

学　　名：*Phoenicurus erythrogastrus*

雀形目 > 鹟科 > 红尾鸲属

俗　　名：暂无。

识别特征：体形较大，体长约 18cm。雄鸟头顶灰白，翼上白斑甚大。

分布范围：常见于保护区渥洼池、西土沟湿地、绿洲及林地。

分布状况：属保护区过境候鸟。

保护级别：列入世界自然保护联盟（IUCN）2016 年濒危物种红色名录 ver 3.1——无危（LC）。
列入《保护迁徙野生动物物种公约》（CMS）：附录Ⅱ。列入《伯尔尼公约》（Bern Convention）：附录Ⅱ。

（2）文须雀

学　　名：*Panurus biarmicus*

雀形目 > 鹟科 > 文须雀属

俗　　名：龙凤鸟、龙凤雀。

识别特征：体长约17cm。嘴黄色、较直而尖，脚黑色。上体棕黄色，翅黑色具白色翅斑，外侧尾羽白色。

分布范围：偶见于保护区西土沟、阳关林场等地。

分布状况：属保护区无定性留鸟。

保护级别：列入世界自然保护联盟（IUCN）2012年濒危物种红色名录 ver 3.1——无危（LC）。

（3）红胁蓝尾鸲

学　　名：*Tarsiger cyanurus*

雀形目 > 鹟科 > 鸲属

俗　　名：蓝点冈子、蓝尾巴根子、蓝尾杰、蓝尾欧鸲。

识别特征：体长约 14cm。雄鸟上体从头顶至尾上覆羽，包括两翅内侧覆羽表面为灰蓝色，头顶两侧、翅上小覆羽和尾上覆羽呈特别鲜亮的辉蓝色。

分布范围：常见于保护区渥洼池、西土沟湿地，绿洲及林地。

分布状况：属保护区过境候鸟。

保护级别：列入世界自然保护联盟（IUCN）2012 年濒危物种红色名录 ver 3.1——无危（LC）。列入中国国家林业和草原局 2000 年 8 月 1 日发布的《国家保护的有益的或者有重要经济、科学研究价值的陆生野生动物名录》。

（4）漠䳭

学　　名：*Oenanthe deserti*

雀形目 > 鹟科 > 䳭属

俗　　名：漠即鸟、黑喉石栖鸟、漠鸥。

识别特征：体形略小，体长 14~15.5cm。尾黑，翼近黑。雄鸟脸侧、颈及喉黑色；雌鸟头侧近黑，但颏及喉白色；头侧、颈侧暗棕褐色。虹膜褐色，嘴黑色，脚黑色。叫声：告警时发出粗哑的"chrt—tt—tt"声，叫声为尖厉哨音。雄鸟鸣声为重复的哀怨下降颤音"teee—ti—ti—ti"。

分布范围：常见于保护区西土沟、碱泉子等地。

分布状况：属保护区夏候鸟。

保护级别：列入世界自然保护联盟（IUCN）2016 年濒危物种红色名录 ver 3.1——无危（LC）。列入《保护迁徙野生动物物种公约》（CMS）：附录 II。

（5）沙䳭

学　　名：*Oenanthe isabellina*

雀形目 > 鹟科 > 䳭属

俗　　名：黄褐色石栖鸟。

识别特征：体大，体长约 16cm。色平淡而略偏粉且无黑色脸罩，翼较多数其他种色浅。雌、雄同色，但雄鸟眼先较黑，眉纹及眼圈苍白；雄鸟与雌鸟的区别还有身体较扁圆而显头大、腿长，翼覆羽较少黑色，腰及尾基部更白。叫声：高的管笛音"cheep"。

分布范围：常见于保护区林地、绿洲。

分布状况：属保护区过境候鸟。

保护级别：列入世界自然保护联盟（IUCN）2016 年濒危物种红色名录 ver 3.1——无危（LC）。列入《保护迁徙野生动物物种公约》（CMS）：附录Ⅱ。列入《伯尔尼公约》（Bern Convention）：附录Ⅱ。

（6）白顶䳭

学　　名：*Enanthe pleschanka*

雀形目 > 鹟科 > 䳭属

俗　　名：白头鸟、黑喉白顶䳭、白头、白朵朵。

识别特征：中等体形，体长约14.5cm。常栖于矮树丛。雄鸟：上体全黑，仅腰、头顶及颈背白色；外侧尾羽基部灰白；下体全白，仅额及喉黑色。叫声：包括干硬的"trritt tack"声；鸣声短促悦耳，带有短促"唧唧"叫及模仿叫声，于岩石栖处或飞行时发声。

分布范围：常见于保护区林地、绿洲。

分布状况：属保护区过境候鸟。

保护级别：列入世界自然保护联盟（IUCN）2016年濒危物种红色名录 ver 3.1——无危（LC）。列入《保护迁徙野生动物物种公约》（CMS）：附录Ⅱ。列入《伯尔尼公约》（Bern Convention）：附录Ⅱ。列入《欧盟鸟类指令附件》（EU Birds Directive）：附件Ⅰ。

12.5 伯劳科
Laniidae

（1）灰伯劳

学　　名：*Lanius excubitor*

雀形目 > 伯劳科 > 伯劳属

俗　　名：寒露儿、北寒露。

识别特征：体大，体长约24cm。雄鸟：顶冠、颈背、背及腰灰色；粗大的过眼纹黑色，其上具白色眉纹；两翼黑色具白色横纹；尾黑而边缘白色；下体近白。叫声：尖而清晰的"schrreea"及拖长的带鼻音叫声"eeh"；也发出粗哑的"ga—ga—ga"声。

分布范围：常见于保护区渥洼池、西土沟湿地，绿洲及林地。

分布状况：属保护区冬候鸟。

保护级别：列入世界自然保护联盟（IUCN）2012年濒危物种红色名录 ver 3.1——无危（LC）。

（2）红尾伯劳

学　　名：*Lanius cristatus*

雀形目 > 伯劳科 > 伯劳属

俗　　名：褐伯劳、土虎伯劳、花虎伯劳、小伯劳。

识别特征：中等体形，体长约20cm。喉白。成鸟：前额灰，眉纹白，宽宽的眼罩黑色，头顶及上体褐色，下体皮黄。虹膜褐色，嘴黑色，脚灰黑。叫声：冬季通常无声；繁殖期发出"cheh—cheh—cheh"的叫声及鸣声。

分布范围：常见于保护区渥洼池、西土沟湿地，绿洲及林地。

分布状况：属保护区过境候鸟。

保护级别：列入世界自然保护联盟（IUCN）2016年濒危物种红色名录 ver 3.1——无危（LC）。列入中国国家林业和草原局2000年8月1日发布的《国家保护的有益的或者有重要经济、科学研究价值的陆生野生动物名录》。

（3）楔尾伯劳

学　　名：*Lanius sphenocercus*

雀形目 > 伯劳科 > 伯劳属

俗　　名：长尾灰伯劳。

识别特征：体长约 31cm。眼罩黑色，眉纹白，两翼黑色并具粗的白色横纹。三枚中央尾羽黑色，羽端具狭窄的白色，外侧尾羽白。

分布范围：常见于保护区渥洼池、西土沟湿地，绿洲及林地。

分布状况：属保护区冬候鸟。

保护级别：列入世界自然保护联盟（IUCN）2012 年濒危物种红色名录 ver 3.1——无危（LC）。列入中国国家林业和草原局 2000 年 8 月 1 日发布的《国家保护的有益的或者有重要经济、科学研究价值的陆生野生动物名录》。

（4）荒漠伯劳

学　　名：*Lanius isabellinus*

雀形目 > 伯劳科 > 伯劳属

俗　　名：红尾伯劳、红背伯劳。

识别特征：体长约 19cm。雄性成鸟繁殖期上体灰沙褐色，嘴基至前额淡沙褐色，头顶至上背灰沙褐色，下背至尾上覆羽染以锈色。

分布范围：常见于保护区渥洼池、西土沟湿地，绿洲及林地。

分布状况：属保护区夏候鸟。

保护级别：列入世界自然保护联盟（IUCN）2012 年濒危物种红色名录 ver 3.1——无危（LC）。列入中国国家林业和草原局 2000 年 8 月 1 日发布的《国家保护的有益的或者有重要经济、科学研究价值的陆生野生动物名录》。

12.6 燕科
Hirundinidae

家燕
学　　名：*Hirundo rustica*
雀形目 > 燕科 > 燕属

俗　　名：燕子、拙燕。

识别特征：中等体形，体长约20cm。上体钢蓝色；胸偏红而具一道蓝色胸带，腹白；尾甚长，近端处具白色点斑。叫声：高音"twit"及"喊喊喳喳"叫声。

分布范围：常见于保护区渥洼池、西土沟湿地及二墩管护站。

分布状况：属保护区夏季繁殖候鸟。

保护级别：列入世界自然保护联盟（IUCN）2012年濒危物种红色名录ver 3.1——无危（LC）。列入中国国家林业和草原局2000年8月1日发布的《国家保护的有益的或者有重要经济、科学研究价值的陆生野生动物名录》。

12.7 鹡鸰科
Motacillidae

（1）白鹡鸰

学　　名：*Motacilla alba*

雀形目 > 鹡鸰科 > 鹡鸰属

俗　　名：白面鸟、白颊鹡鸰、眼纹鹡鸰、点水雀、张飞鸟。

识别特征：中等体形，体长约 20cm。体羽上体灰色，下体白，两翼及尾黑白相间。冬季头后、颈背及胸具黑色斑纹，但不如繁殖期扩展。叫声：清晰而生硬的 "chissick" 声。

分布范围：常见于保护区渥洼池、西土沟湿地及林地。

分布状况：属保护区夏季繁殖候鸟。

保护级别：列入世界自然保护联盟（IUCN）2012 年濒危物种红色名录 ver 3.1——无危（LC）。列入中国国家林业和草原局 2000 年 8 月 1 日发布的《国家保护的有益的或者有重要经济、科学研究价值的陆生野生动物名录》。

（2）白鹡鸰（新疆亚种）

学　　名：*Motacilla alba personata*

雀形目 > 鹡鸰科 > 鹡鸰属

俗　　名：暂无。

识别特征：属小型鸣禽，体长约18cm，翼展约31cm，体重约23g，寿命10年。体羽主为黑白两色，背部有灰色。

分布范围：常见于保护区渥洼池、西土沟湿地及林地。

分布状况：属保护区过境候鸟。

保护级别：列入世界自然保护联盟（IUCN）2012年濒危物种红色名录ver 3.1——无危（LC）。列入中国国家林业和草原局2000年8月1日发布的《国家保护的有益的或者有重要经济、科学研究价值的陆生野生动物名录》。

（3）黄鹡鸰

学　　名：*Motacilla flava*

雀形目 > 鹡鸰科 > 鹡鸰属

俗　　名：东黄鹡鸰、东方黄鹡鸰。

识别特征：中等体形，体长约18cm。背橄榄绿色或橄榄褐色而非灰色，尾较短，飞行时无白色翼纹或黄色腰。叫声：群鸟飞行时发出尖细悦耳的"tsweep"声，结尾时略上扬。

分布范围：常见于保护区渥洼池、西土沟湿地及林地。

分布状况：属保护区过境候鸟。

保护级别：列入世界自然保护联盟（IUCN）2013年濒危物种红色名录 ver 3.1——无危（LC）。列入中国国家林业和草原局2000年8月1日发布的《国家保护的有益的或者有重要经济、科学研究价值的陆生野生动物名录》。

（4）黄头鹡鸰

学　　名：*Motacilla citreola*

雀形目 > 鹡鸰科 > 鹡鸰属

俗　　名：暂无。

识别特征：体形略小，体长约18cm。头及下体艳黄
色。诸亚种上体的色彩不一：亚种 citreola 背及两翼灰色；
werae 背部灰色较淡；calcarata 背及两翼黑。具两道白色翼
斑，雌鸟头顶及脸颊灰色。与黄鹡鸰的区别在背灰色。叫
声：喘息声"tsweep"，不如灰鹡鸰或黄鹡鸰的沙哑。

分布范围：常见于保护区渥洼池、西土沟湿地及林地。

分布状况：属保护区夏季繁殖候鸟。

保护级别：列入世界自然保护联盟（IUCN）2012年濒
危物种红色名录 ver3.1——无危（LC）。列入中国国家林业
和草原局2000年8月1日发布的《国家保护的有益的或者
有重要经济、科学研究价值的陆生野生动物名录》。

（5）灰鹡鸰

学　　名：*Motacilla cinerea*

雀形目 > 鹡鸰科 > 鹡鸰属

俗　　名：黄腹灰鹡鸰、黄鸰、灰鸰、马兰花儿。

识别特征：中等体形，体长约 19cm。腰黄绿色。与黄鹡鸰的区别在上背灰色，飞行时白色翼斑和黄色的腰显现，且尾较长。成鸟下体黄，亚成鸟偏白；虹膜褐色；嘴黑褐；脚粉灰。叫声：飞行时发出尖锐的 "tzit—zee" 声或生硬的单音 "tzit"。

分布范围：常见于保护区渥洼池、西土沟湿地及林地。

分布状况：属保护区过境候鸟。

保护级别：列入世界自然保护联盟（IUCN）2012 年濒危物种红色名录 ver 3.1——无危（LC）。列入中国国家林业和草原局 2000 年 8 月 1 日发布的《国家保护的有益的或者有重要经济、科学研究价值的陆生野生动物名录》。

（6）树鹨

学　　名：*Anthus hodgsoni*

雀形目 > 鹡鸰科 > 鹨属

俗　　名：树鲁、木鹨、麦加蓝儿、西雀、地麻雀。

识别特征：体长约 16cm。上体纵纹较少，喉及两胁皮黄，胸及两胁黑色纵纹浓密，耳后具白斑。

分布范围：常见于保护区渥洼池、西土沟湿地及林地。

分布状况：属保护区过境候鸟。

保护级别：列入世界自然保护联盟（IUCN）2012 年濒危物种红色名录 ver 3.1——无危（LC）。列入中国国家林业和草原局 2000 年 8 月 1 日发布的《国家保护的有益的或者有重要经济、科学研究价值的陆生野生动物名录》。

（7）水鹨

学　　名：*Anthus spinoletta*

雀形目 > 鹡鸰科 > 鹨属

俗　　名：暂无。

识别特征：中等体形，体长约 17cm。眉纹显著。繁殖期下体粉红而几无纵纹，眉纹粉红。非繁殖期粉皮黄色的粗眉线明显，背灰而具黑色粗纵纹，胸及两胁具浓密的黑色点斑或纵纹。叫声：柔弱的"seep—seep"叫声。

分布范围：常见于保护区渥洼池、西土沟湿地及林地。

分布状况：属保护区冬候鸟。

保护级别：列入世界自然保护联盟（IUCN）2009 年濒危物种红色名录 ver 3.1——无危（LC）。列入中国国家林业和草原局 2000 年 8 月 1 日发布的《国家保护的有益的或者有重要经济、科学研究价值的陆生野生动物名录》。

12.8　椋鸟科
Sturnidae

（1）灰椋鸟

学　　名：*Spodiopsar cineraceus*

雀形目 > 椋鸟科 > 丝光椋鸟属

俗　　名：白颊椋鸟、杜丽雀、高粱头、管莲子、假画眉、竹雀。

识别特征：体长约24cm。通体主要为灰褐色，头部上黑而两侧白，尾部亦白色，嘴和脚为橙色。

分布范围：常见于保护区渥洼池、西土沟湿地及林地。

分布状况：属保护区过境候鸟。

保护级别：列入世界自然保护联盟（IUCN）2012年濒危物种红色名录ver 3.1——无危（LC）。列入中国国家林业和草原局2000年8月1日发布的《国家保护的有益的或者有重要经济、科学研究价值的陆生野生动物名录》。

（2）紫翅椋鸟

学　　名：*Sturnus vulgaris*

雀形目 > 椋鸟科 > 椋鸟属

俗　　名：普通椋鸟、欧洲椋鸟、欧洲八哥、欧椋鸟、星椋鸟。

识别特征：体形略小，体长约 17cm。雄鸟头浅灰或皮黄，下体偏白，背闪辉深紫罗兰色，两翼及尾黑色，具白色肩纹。耳羽及颈侧栗色。雌鸟上体灰褐，下体偏白，两翼及尾黑色。虹膜褐色，嘴黑色，脚深绿。叫声：响而尖的叫声。

分布范围：常见于保护区渥洼池、西土沟湿地及林地。

分布状况：属保护区冬候鸟。

保护级别：列入世界自然保护联盟（IUCN）2013 年濒危物种红色名录 ver 3.1——无危（LC）。列入中国国家林业和草原局 2000 年 8 月 1 日发布的《国家保护的有益的或者有重要经济、科学研究价值的陆生野生动物名录》。

12.9 旋壁雀科
Tichidromidae

红翅旋壁雀

学　　名：*Tichodroma muraria*

雀形目 > 旋壁雀科 > 旋壁雀属

俗　　名：爬树鸟、石花儿、爬岩树。

识别特征：体长约15cm。尾短而嘴长，翼具醒目的绯红色斑纹。

分布范围：常见于保护区渥洼池、西土沟湿地及林地。

分布状况：属保护区留鸟。

保护级别：列入世界自然保护联盟（IUCN）2018年濒危物种红色名录 ver 3.1——无危（LC）。

12.10 莺科
Sylviidae

（1）横斑林莺

学　　名：*Sylvia nisoria*

雀形目 > 莺科 > 林莺属

俗　　名：横斑莺。

识别特征：体长 15~18cm。翼上具两道明显近白色横纹，上体橄榄绿色，翼近黑而羽缘白，眼圈黄色，下体黄。

分布范围：常见于保护区渥洼池、西土沟湿地及林地。

分布状况：属保护区夏候鸟。

保护级别：列入世界自然保护联盟（IUCN）2016 年濒危物种红色名录 ver 3.1——无危（LC）。

（2）沙白喉林莺

学　　名：*Sylvia minula*

雀形目 > 莺科 > 林莺属

俗　　名：暂无。

识别特征：体形略小，体长约 13cm。上体清沙灰色，喉及下体白，尾缘白色。体羽灰色较淡，无近黑色的耳羽且嘴较小。虹膜褐色，嘴黑色，脚灰褐。叫声：悦耳多变的颤鸣，缺少白喉林莺的嘟声，有"喊喳"声或"tit—titic"声。

分布范围：常见于保护区渥洼池、西土沟湿地及林地。

分布状况：属保护区夏候鸟。

保护级别：列入世界自然保护联盟（IUCN）2017 年濒危物种红色名录 ver 3.1——无危（LC）。

（3）白喉林莺

学　　名：*Sylvia curruca*

雀形目 > 莺科 > 林莺属

俗　　名：小白喉莺、白喉莺、沙白喉莺、树串儿。

识别特征：体长 10~13cm。头灰，上体褐色，喉白，下体近白。耳羽深黑灰，胸侧及两胁沾皮黄色。

分布范围：常见于保护区渥洼池、西土沟湿地及林地。

分布状况：属保护区夏候鸟。

保护级别：列入世界自然保护联盟（IUCN）2017 年濒危物种红色名录 ver 3.1——无危（LC）。

（4）大苇莺

学　名：*Acrocephalus arundinaceus*

雀形目 > 莺科 > 苇莺属

俗　名：暂无。

识别特征：中等体形，体长约 15cm。眼纹皮黄，尾棕色而端白。上体褐色而具灰色及黑色纵纹；两翼及尾红褐，尾具近黑色的次端斑；下体近白，胸及两胁皮黄。叫声：拖长的沙哑颤音"chir—chirrrr"；也有示警时尖细的"tik tik tik"声。

分布范围：常见于保护区林地、绿洲。

分布状况：属保护区夏候鸟。

保护级别：列入世界自然保护联盟（IUCN）2017 年濒危物种红色名录 ver 3.1——无危（LC）。

（5）布氏苇莺

学　　名：*Acrocephalus dumetorum*

雀形目 > 莺科 > 苇莺属

俗　　名：圃苇莺。

识别特征：体长 12~16cm。两翼短而圆。具深色的细眼纹，短的白色眉纹，清晰的浅色眼先，无深色上眉纹。嘴长，上颚中线及尖端色深。

分布范围：常见于保护区渥洼池、西土沟湿地及林地。

分布状况：属保护区夏候鸟。

保护级别：列入世界自然保护联盟（IUCN）2017 年濒危物种红色名录 ver 3.1——无危（LC）。

12.11 鹀科
Emberizidae

芦鹀

学　　名：*Emberiza schoeniclus*

雀形目 > 鹀科 > 鹀属

俗　　名：大山家雀儿、大苇容。

识别特征：体形略小，体长约 15cm。具显著的白色下髭纹。繁殖期雄鸟似苇鹀但上体多棕色。虹膜栗褐，嘴黑色，脚深褐至粉褐。叫声：多在矮树丛或芦苇秆上发声，似家麻雀。鸣声多变但通常以一颤音结尾，通常的叫声为哀怨的下滑音"seeoo"，迁徙时发出沙哑的联络叫声"brzee"。

分布范围：常见于保护区渥洼池、西土沟湿地及林地。

分布状况：属保护区冬候鸟。

保护级别：列入世界自然保护联盟（IUCN）2018 年濒危物种红色名录 ver 3.1——无危（LC）。列入中国国家林业和草原局 2000 年 8 月 1 日发布的《国家保护的有益的或者有重要经济、科学研究价值的陆生野生动物名录》。

12.12 鸦科
Corvidae

（1）喜鹊
学　名：*Pica pica*
雀形目 > 鸦科 > 鹊属

俗　名：鹊、客鹊、飞驳鸟、干鹊、神女。
识别特征：体形略小，体长约 45cm。具黑色的长尾，两翼及尾黑色并具蓝色辉光。虹膜褐色，嘴黑色，脚黑色。叫声：为响亮粗哑的"嘎嘎"声。
分布范围：常见于保护区渥洼池、西土沟湿地及林地。
分布状况：属保护区留鸟。
保护级别：列入世界自然保护联盟（IUCN）2016 年濒危物种红色名录 ver 3.1——无危（LC）。列入中国国家林业和草原局 2000 年 8 月 1 日发布的《国家保护的有益的或者有重要经济、科学研究价值的陆生野生动物名录》。

（2）黑尾地鸦

学　　名：*Podoces hendersoni*

雀形目 > 鸦科 > 地鸦属

国家二级重点保护野生动物

俗　　名：暂无。

识别特征：体形略小，体长约 30cm。上体沙褐色，背及腰略沾酒红色，头顶黑色具蓝色光泽，两翼闪辉黑色，初级飞羽具白色大块斑，尾蓝黑。虹膜深褐，嘴黑色，脚黑色。叫声：似木质拨浪鼓的 "clackclackclack" 声，也发出粗哑哨音。

分布范围：常见于保护区林地附近。

分布状况：属保护区留鸟。

保护级别：列入世界自然保护联盟（IUCN）2016 年濒危物种红色名录 ver 3.1——无危（LC）。

12.13 太平鸟科
Bombycillidae

太平鸟

学　　名：*Bombycilla garrulus*

雀形目 > 太平鸟科 > 太平鸟属

俗　　名：连雀、十二黄。

识别特征：体形略大，体长约 18cm。尾尖端为黄色，尾下覆羽栗色，初级飞羽羽端外侧黄色而成翼上的黄色带，三级飞羽羽端及外侧覆羽羽端白色而成白色横纹。叫声：群鸟叫声为颇有特色的清亮成串的"buzzing sirr"声。

分布范围：常见于保护区林地。

分布状况：属保护区过境候鸟。

保护级别：列入世界自然保护联盟（IUCN）2013 年濒危物种红色名录 ver 3.1——无危（LC）。列入中国国家林业和草原局 2000 年 8 月 1 日发布的《国家保护的有益的或者有重要经济、科学研究价值的陆生野生动物名录》。

12.14 鸫科
Turdidae

（1）赤颈鸫

学　　名：*Turdus ruficollis*

雀形目 > 鸫科 > 鸫属

俗　　名：红脖鸫、红脖子穿草鸫。

识别特征：中等体形，体长约25cm。上体灰褐，腹部及臀纯白，翼衬赤褐。有两个特别的亚种。虹膜褐色；嘴黑褐色，尖端黑色；脚近褐。叫声：飞行时的叫声为单薄的"tseep"声。

分布范围：常见于保护区林地、绿洲。

分布状况：属保护区冬候鸟。

保护级别：列入世界自然保护联盟（IUCN）2018年濒危物种红色名录 ver 3.1——无危（LC）。

（2）赭红尾鸲

学　　名：*Phoenicurus ochruros*

雀形目 > 鸫科 > 红尾鸲属

俗　　名：暂无。

识别特征：中等体形，体长约 15cm。雄鸟（亚种 rufiventris）头、喉、上胸、背、两翼及中央尾羽黑色；头顶及枕部灰色；下胸、腹部、尾下覆羽、腰及外侧尾羽棕色。叫声：为 "tucc—tuee" 或 "tititic" 的告警叫声，之前常有 "tseep" 叫声。

分布范围：常见于保护区渥洼池、西土沟湿地，以及绿洲、林地。

分布状况：属保护区过境候鸟。

保护级别：列入世界自然保护联盟（IUCN）2013 年濒危物种红色名录 ver 3.1——无危（LC）。

12.15 攀雀科
Remizidea

白冠攀雀

学　　名：*Remiz coronatus*

雀形目 > 攀雀科 > 攀雀属

俗　　名：暂无。

识别特征：体长约11cm，浅色，额及脸罩黑色，黑色有时延伸至顶后，但与栗色上背之间有白色领环。

分布范围：常见于保护区林地、绿洲、芦苇荡等。

分布状况：属保护区过境候鸟。

保护级别：列入世界自然保护联盟（IUCN）2012年濒危物种红色名录 ver3.1——无危（LC）。

13 雨燕目
Apodiformes

雨燕科
Apodidae

普通楼燕

学　　名：*Apus apus*

雨燕目 > 雨燕科 > 雨燕属

俗　　名：普通雨燕、雨燕、楼燕、北京雨燕。

识别特征：体长约 21cm。特征为白色的喉及胸部为一道深褐色的横带所隔开。两翼相当宽。虹膜褐色，嘴黑色，脚黑色。

分布范围：常见于保护区渥洼池、西土沟湿地及林地。

分布状况：属保护区夏候鸟。

保护级别：列入世界自然保护联盟（IUCN）2016 年濒危物种红色名录 ver 3.1——无危（LC）。列入中国国家林业和草原局 2000 年 8 月 1 日发布的《国家保护的有益的或者有重要经济、科学研究价值的陆生野生动物名录》。

14 犀鸟目
Bucerotimorphae

戴胜科
Upupidae

戴胜

学　　名：*Upupa epops*

犀鸟目 > 戴胜科 > 戴胜属

俗　　名：胡哱哱、花蒲扇、山和尚、鸡冠鸟、臭姑鸪。

识别特征：中等体形，体长约 30cm。具长而尖黑的耸立形粉棕色丝状冠羽。头、上背、肩及下体粉棕，两翼及尾具黑白相间的条纹。嘴长且下弯。叫声：低柔的单音调 "hoop—hoop hoop"。

分布范围：常见于保护区渥洼池、西土沟湿地及林地。

分布状况：属保护区夏候鸟。

保护级别：列入世界自然保护联盟（IUCN）2020 年濒危物种红色名录 ver 3.1——无危（LC）。列入中国国家林业和草原局 2000 年 8 月 1 日发布的《国家保护的有益的或者有重要经济、科学研究价值的陆生野生动物名录》。

15 鹰形目
Accipitriformes

15.1 鹰科
Accipitridae

（1）白尾海雕

学　　名：*Haliaeetus albicilla*

鹰形目 > 鹰科 > 海雕属

国家一级重点保护野生动物

俗　　名：白尾雕、芝麻雕、黄嘴雕。

识别特征：体长约 85cm。成鸟多为暗褐色；后颈和胸部羽毛为
披针形，较长；头、颈羽色较淡，沙褐色或淡黄褐色；嘴、脚黄色；
尾羽呈楔形，纯白色。

分布范围：常见于保护区渥洼池、西土沟、碱泉子湿地及林地。

分布状况：属保护区冬候鸟。

保护级别：列入世界自然保护联盟（IUCN）2016 年濒危物种
红色名录 ver 3.1——无危（LC）。

（2）玉带海雕

学　　名：*Haliaeetus leucoryphus*

鹰形目 > 鹰科 > 海雕属

国家一级重点保护野生动物

俗　　名：黑鹰、腰玉。

识别特征：体长约80cm。头部和颈部沙皮黄色，喉部皮黄白色；颈部的羽毛较长，呈披针形；上背为褐色，其余上体为暗褐色；初级飞羽为黑色；下体棕褐色。

分布范围：常见于保护区渥洼池、碱泉子湿地及林地。

分布状况：属保护区夏候鸟。

保护级别：列入世界自然保护联盟（IUCN）2021年濒危物种红色名录ver3.1——濒危（EN）。列入《华盛顿公约》(CITES)：附录Ⅱ。列入《中国濒危动物红皮书》：渐危。

（3）黑鸢

学　　名：*Milvus migrans*

鹰形目 > 鹰科 > 鸢属

国家二级重点保护野生动物

俗　　名：鸢。

识别特征：体长约 55cm。上体暗褐色，下体棕褐色，均具黑褐色羽干纹，尾较长，呈叉状，具宽度相等的黑色和褐色相间排列的横斑；飞翔时翼下左右各有一块大的白斑。雌鸟显著大于雄鸟。

分布范围：常见于保护区渥洼池、西土沟、碱泉子湿地及林地。

分布状况：属保护区过境候鸟。

保护级别：列入世界自然保护联盟（IUCN）2016 年濒危物种红色名录 ver 3.1——无危（LC）。列入《华盛顿公约》（CITES）：附录 II 。

（4）草原雕

学　　名：*Aquila nipalensis*

鹰形目 > 鹰科 > 雕属

国家一级重点保护野生动物

俗　　名：大花雕、角鹰、角鹰。

识别特征：体大，体长约65cm。容貌凶狠，尾形平。成鸟与其他全深色的雕易混淆，但下体具灰色飞羽及稀疏的横斑。虹膜浅褐色；嘴灰色，蜡膜黄色；脚黄色。叫声：粗哑喘息的叫声及"嘎嘎"叫声。

分布范围：常见于保护区渥洼池、碱泉子湿地及林地。

分布状况：属保护区过境候鸟。

保护级别：列入世界自然保护联盟（IUCN）2021年濒危物种红色名录 ver 3.1——濒危（EN）。列入《华盛顿公约》（CITES）：附录Ⅱ。

（5）乌雕

学　　名：*Aquila clanga Pallas*

鹰形目 > 鹰科 > 雕属

国家一级重点保护野生动物

俗　　名：花雕、小花皂雕。

识别特征：体长 61~74cm，体重 1.31~2.10kg。通体为暗褐色，背部略微缀有紫色光泽，颏部、喉部和胸部为黑褐色，其余下体稍淡。

分布范围：常见于保护区渥洼池、碱泉子湿地及林地。

分布状况：属保护区过境候鸟。

保护级别：列入世界自然保护联盟（IUCN）2018 年濒危物种红色名录 ver 3.1——易危（VU）。列入《华盛顿公约》（CITES）：附录Ⅱ。

（6）靴隼雕

学　　名：*Hieraaetus pennatus*

鹰形目 > 鹰科 > 隼雕属

国家二级重点保护野生动物

俗　　名：靴雕、靴隼鵰。

识别特征：体形略小，体长约50cm。胸棕色（深色型）或淡皮黄色（浅色型），无冠羽，腿被羽。虹膜褐色；嘴近黑，蜡膜黄色；脚黄色。上体褐色具黑色和皮黄色杂斑，两翼及尾褐色深。叫声：高且薄的"keee"叫声。

分布范围：常见于保护区渥洼池、西土沟、碱泉子湿地及林地。

分布状况：属保护区过境候鸟。

保护级别：列入世界自然保护联盟（IUCN）2016年濒危物种红色名录 ver 3.1——无危（LC）。

（7）普通鵟

学　　名：*Buteo japonicus*

鹰形目 > 鹰科 > 鵟属

国家二级重点保护野生动物

俗　　名：土豹子、鸡母鹞。

识别特征：体长约55cm。上体主要为暗褐色；下体主要为暗褐色或淡褐色，具深棕色横斑或纵纹；尾淡灰褐色，具多道暗色横斑。

分布范围：常见于保护区渥洼池、西土沟、碱泉子湿地及林地。

分布状况：属保护区夏候鸟。

保护级别：列入世界自然保护联盟（IUCN）2016年濒危物种红色名录 ver 3.1——无危（LC）。列入《华盛顿公约》(CITES)：附录Ⅱ。

（8）大鵟

学　　名：*Buteo hemilasius*

鹰形目 > 鹰科 > 鵟属

国家二级重点保护野生动物

俗　　名：豪豹、白鹭豹、花豹。

识别特征：体长约70cm。头顶和后颈白色，各羽贯以褐色纵纹。头侧白色，有褐色髭纹。上体淡褐色，有3~9条暗色横斑，羽干白色；下体大都棕白色。跗蹠前面通常被羽，飞翔时翼下有白斑。

分布范围：常见于保护区渥洼池、西土沟、碱泉子湿地及林地。

分布状况：属保护区过境候鸟。

保护级别：列入世界自然保护联盟（IUCN）2012年濒危物种红色名录 ver 3.1——易危（VU）。

（9）棕尾鵟

学　　名：*Buteo rufinus*

鹰形目 > 鹰科 > 鵟属

国家二级重点保护野生动物

俗　　名：大豹、鸽虎。

识别特征：体长约 64cm。成鸟头、颈棕褐色，上体褐色；第 2~5 枚初级飞羽外翈具横斑；下体棕白色；尾部棕褐色。

分布范围：常见于保护区渥洼池、西土沟、碱泉子湿地及林地。

分布状况：属保护区夏候鸟。

保护级别：列入世界自然保护联盟（IUCN）2016 年濒危物种红色名录 ver 3.1——无危（LC）。列入《华盛顿公约》（CITES）：附录 I。列入《中国濒危动物红皮书》：稀有。

（10）白尾鹞

学　　名：*Circus cyaneus*

鹰形目 > 鹰科 > 鹞属

国家二级重点保护野生动物

识别特征：体长约 50cm。雄鸟上体蓝灰色、头和胸较暗，翅尖黑色，尾上覆羽白色，腹、两胁和翅下覆羽白色。

分布范围：常见于保护区渥洼池、西土沟、碱泉子湿地及林地。

分布状况：属保护区冬候鸟。

保护级别：列入世界自然保护联盟（IUCN）2016 年濒危物种红色名录 ver 3.1——无危（LC）。列入《华盛顿公约》（CITES）：附录 II 。

（11）苍鹰

学　　名：*Accipiter gentiles*

鹰形目 > 鹰科 > 鹰属

国家二级重点保护野生动物

俗　　名：鹰、牙鹰、黄鹰、鹞鹰、元鹰。

识别特征：体长约56cm。头顶、枕和头侧黑褐色，枕部有白羽尖，眉纹白杂黑纹；背部棕黑色；胸以下密布灰褐和白相间横纹；尾灰褐，有4条宽阔黑色横斑，尾方形。

分布范围：常见于保护区渥洼池、西土沟、碱泉子湿地及林地。

分布状况：属保护区过境候鸟。

保护级别：列入世界自然保护联盟（IUCN）2012年濒危物种红色名录 ver 3.1——无危（LC）。列入《华盛顿公约》（CITES）：附录Ⅱ。

15.2 鹗科
Pandionidae

鹗

学　　名：*Pandion haliaetus*

鹰形目 > 鹗科 > 鹗属

国家二级重点保护野生动物

俗　　名：鱼鹰、鱼雕、鱼鸿、鱼江鸟。

识别特征：体长约55cm。头及下体白色，具黑色贯眼纹。上体多暗褐色，深色的短冠羽可竖立。

分布范围：常见于保护区渥洼池湿地、湖泊等。

分布状况：属保护区过境候鸟。

保护级别：列入世界自然保护联盟（IUCN）2016年濒危物种红色名录ver3.1——无危（LC）。列入《华盛顿公约》（CITES）：附录Ⅱ。

16 隼形目
Falconiformes

隼科
Falconidae

（1）红隼

学　　名：*Falco tinnunculus*

隼形目 > 隼科 > 隼属

国家二级重点保护野生动物

俗　　名：茶隼、红鹰、黄鹰、红鹞子。

识别特征：体小，体长约33cm。雄鸟头顶及颈背灰色，尾蓝灰无横斑，上体赤褐略具黑色横斑，下体皮黄且具黑色纵纹。

分布范围：常见于保护区林地。

分布状况：属保护区留鸟。

保护级别：列入世界自然保护联盟（IUCN）2012年濒危物种红色名录 ver 3.1——无危（LC）。列入《华盛顿公约》（CITES）：附录Ⅱ。

（2）游隼

学　　名：*Falco peregrinus*

隼形目 > 隼科 > 隼属

国家二级重点保护野生动物

俗　　名：鸽虎、鸭虎、花梨鹰、鸭鹘、黑背花梨鹘。

识别特征：体长约45cm。头顶及脸颊近黑或具黑色条纹；上体深灰具黑色点斑及横纹；下体白，胸具黑色纵纹，腹部、腿及尾下多具黑色横斑。

分布范围：常见于保护区渥洼池、西土沟、碱泉子湿地及林地。

分布状况：属保护区过境候鸟。

保护级别：列入世界自然保护联盟（IUCN）2021年濒危物种红色名录 ver 3.1——无危（LC）。列入《华盛顿公约》（CITES）：附录Ⅱ。

（3）猎隼

学　　名：*Falco cherrug*

隼形目 > 隼科 > 隼属

国家一级重点保护野生动物

俗　　名：猎鹰、兔虎、棒子。

识别特征：体大，体长约 50cm。颈背偏白，头顶浅褐。头部对比色少，眼下方具不明显黑色线条，眉纹白。上体多褐色而略具横斑，与翼尖的深褐色成对比。尾具狭窄的白色羽端。下体偏白，狭窄翼尖深色，翼下大覆羽具黑色细纹。叫声：似游隼但较沙哑。

分布范围：常见于保护区渥洼池、西土沟、碱泉子湿地及林地。

分布状况：属保护区留鸟。

保护级别：列入世界自然保护联盟（IUCN）2021 年濒危物种红色名录 ver3.1——濒危（EN）。列入《华盛顿公约》（CITES）：附录 II。

（4）燕隼

学　名：*Falco subbuteo*

隼形目 > 隼科 > 隼属

国家二级重点保护野生动物

俗　　名：青条子、土鹘、儿隼、蚂蚱鹰、虫鹞。

识别特征：体小，体长约 30cm。翼长，腿及臀棕色，上体深灰，胸乳白而具黑色纵纹。叫声：重复尖厉的"kick"叫声。

分布范围：常见于保护区渥洼池、西土沟、碱泉子湿地及林地。

分布状况：属保护区留鸟。

保护级别：列入世界自然保护联盟（IUCN）2016 年濒危物种红色名录 ver 3.1——无危（LC）。列入《华盛顿公约》（CITES）：附录Ⅱ。

17 鸮形目
Strigiformes

鸱鸮科
Strigidae

（1）纵纹腹小鸮

学　　名：*Athene noctua*

鸮形目 > 鸱鸮科 > 小鸮属

国家二级重点保护野生动物

俗　　名：辞怪、小猫头鹰、小鸮、东方小鸮。

识别特征：体小，体长约 23cm。头顶平，眼亮黄而长凝。浅色的平眉及宽阔的白色髭纹使其看似狰狞。上体褐色，具白色纵纹及点斑；下体白色，具褐色杂斑及纵纹。虹膜亮而黄色，嘴角质黄绿色，腿被覆浅色短羽，脚淡黄色。

分布范围：常见于保护区渥洼池、西土沟、碱泉子湿地及林地。

分布状况：属保护区留鸟。

保护级别：列入《华盛顿公约》（CITES）：附录 II。

（2）雕鸮

学　　名：*Bubo bubo*

鸮形目 > 鸱鸮科 > 雕鸮属

国家二级重点保护野生动物

俗　　名：鹫兔、怪鸱、角鸱、雕枭。

识别特征：体长约 69cm。面盘显著，淡棕黄色，杂以褐色细斑。眼先和眼前缘密被白色刚毛状羽，各羽均具黑色端斑；眼的上方有一大形黑斑，面盘余部淡棕白色或栗棕色，满杂以褐色细斑。皱翅黑褐色，两翈羽缘棕色，头顶黑褐色，羽缘棕白色，并杂以黑色波状细斑。耳羽特别发达，显著突出于头顶两侧，长达 55~97mm，其外侧黑色，内侧棕色。

分布范围：多见于保护区渥洼池、西土沟、碱泉子湿地及林地。

分布状况：属保护区留鸟

保护级别：列入世界自然保护联盟（IUCN）2016 年濒危物种红色名录 ver3.1——无危（LC）。列入《华盛顿公约》(CITES)：附录Ⅱ。列入《中国濒危动物红皮书》：稀有。

（3）长耳鸮

学　　名：*Asio otux*

鸮形目 > 鸱鸮科 > 耳鸮属

国家二级重点保护野生动物

俗　　名：耳麦猫王、虎鹠、彪木兔、夜猫子、猫头鹰。

识别特征：体长约36cm。耳羽簇长，位于头顶两侧，竖直如耳。面盘显著，棕黄色，皱翎完整，白色而缀有黑褐色。上体棕黄色，密杂以粗著的黑褐色羽干纹；颏白色，其余下体棕白色而具粗著的黑褐色羽干纹。腹以下羽干纹两侧具树枝状的横枝。跗蹠和趾密被棕黄色羽，眼橙红色。

分布范围：多见于保护区湿洼池、西土沟、碱泉子湿地及林地。

分布状况：属保护区留鸟。

保护级别：列入世界自然保护联盟（IUCN）2012年濒危物种红色名录ver3.1——低危（LC）。列入《华盛顿公约》（CITES）：附录Ⅱ。

后记

　　甘肃敦煌阳关国家级自然保护区渥洼池湿地是鸟类"中亚、印度"迁徙线上不可或缺的迁徙驿站。近几年来，保护区已在渥洼池湿地、西土沟流域、碱泉子流域等重要区位设置候鸟监测样线5条、样点20个，建成观测云台4处，安装野外高清监控系统10组、红外线相机18台，提升改造2个视频监控室、667m候鸟监测步道及100m² 的候鸟监测平台，对区域内重点候鸟和野生动物实现实时在线监控；改造100m² 的鸟类疫源疫病监测站、救护站，为鸟类监测研究夯实了基础。《甘肃敦煌阳关国家级自然保护区鸟类图鉴》是2021年自列省级林业和草原科技计划项目（2021kj050）、2022年敦煌市"强科技"奖补资金项目的重点研究成果。编目系统原则上依据《中国鸟类分类与分布名录》（郑光美，2017），适当参考《中国鸟类名录》V7.0及当下一些新的鸟类分类信息；依据《中国脊椎动物红色名录》（蒋志刚，等，2016）等资料对每种鸟类的濒危状况进行了说明；居留型划分、濒危等级适当借鉴《茫崖鸟类志》（陈振宁，王小炯，2020）。在此，谨向原作者表示真挚感谢。同时衷心感谢兰州大学生命科学学院张立勋教授，中国石油青海油田分公司鸟类观察员王小炯、曹先军、刘萍老师的鼎力相助。限于编者学术水平和编著时限，难免出现内容疏漏、分类不妥、图片不清晰等缺憾，殷切希望广大读者提出意见和建议，批评指正，以便对本书做进一步修改和补充。

编者

2022年10月18日

主要参考文献

［1］郑光美.中国鸟类分类与分布名录（第三版）[M].北京：科学出版社，2017.

［2］蒋志刚，江建平，王跃招，等.中国脊椎动物红色名录 [J].生物多样性，2016，24（5）：500-551.

［3］陈振宁，王小炯.茫崖鸟类志 [M].西安：陕西人民美术出版社，2020.

［4］麻守仕.甘肃敦煌阳关国家级自然保护区猛禽资源调查及保护对策 [J].陆地生态系统与保护学报，2021，1（2）：92-99.

［5］麻守仕.甘肃敦煌阳关国家级自然保护区鸟类多样性调查分析 [J].甘肃林业科技，2022，32（1）：75-80.

［6］西北师范大学生命科学学院.甘肃敦煌阳关国家级自然保护区科学考察报告 [R].2007：142-143.

［7］甘肃林业调查规划院.甘肃敦煌阳关国家级自然保护区总体规划（2010—2019）.2010：12-13.

［8］牟迈，龚大洁，孙坤，等.敦煌阳关自然保护区鸟类多样性调查分析 [J].干旱区资源环境，2008.22（8）：111-115.

鸟类中文名索引

鸟类学名索引